带式输送机通廊设计

DAISHI SHUSONGJI TONGLANG SHEJI

杨九龙　嵇德春　杨　洁　姜蔼如　编著

北　京
冶　金　工　业　出　版　社
2019

内 容 提 要

本书主要结合最新国家标准、冶金行业的通廊设计规范和工程实践，介绍了常用钢桁架通廊和支架的设计和计算，尤其是结合工程实例，详尽地介绍了管式通廊的结构分析计算和构造要求。全书共分 10 章，包括绪论、基本规定、荷载和作用、通廊布置方案、结构分析和杆件设计、管式通廊结构分析和构造要求、抗震设计、安全防护和环保及实例等。

本书可供土建结构设计人员、施工人员及其他相关的工程技术人员使用和参考。

图书在版编目(CIP)数据

带式输送机通廊设计/杨九龙等编著.—北京：冶金工业出版社，2019.4

ISBN 978-7-5024-8042-4

Ⅰ.①带…　Ⅱ.①杨…　Ⅲ.①带式输送机—设计　Ⅳ.①TH222

中国版本图书馆 CIP 数据核字(2019)第 049305 号

出 版 人　谭学余

地　　址　北京市东城区嵩祝院北巷 39 号　邮编　100009　电话　(010)64027926

网　　址　www.cnmip.com.cn　电子信箱　yjcbs@cnmip.com.cn

责任编辑　夏小雪　美术编辑　彭子赫　版式设计　孙跃红

责任校对　石　静　责任印制　李玉山

ISBN 978-7-5024-8042-4

冶金工业出版社出版发行；各地新华书店经销；三河市双峰印刷装订有限公司印刷

2019 年 4 月第 1 版，2019 年 4 月第 1 次印刷

148mm×210mm；4.125 印张；122 千字；124 页

39.00 元

冶金工业出版社　投稿电话　(010)64027932　投稿信箱　tougao@cnmip.com.cn

冶金工业出版社营销中心　电话　(010)64044283　传真　(010)64027893

冶金工业出版社天猫旗舰店　yjgycbs.tmall.com

（本书如有印装质量问题，本社营销中心负责退换）

前　言

带式输送机通廊是冶金工业、化工工业、建筑材料工业等工程中常用的构筑物。我们参照《带式输送机设计手册》《钢铁企业胶带机钢结构通廊设计规范》(YB 3458—2013) 和前苏联的《带式输送机通廊设计手册》(建筑标准与规则2.09.03—85) 等文献并结合自己的设计经验编撰了本书，供建筑结构设计人员、施工人员及其他相关人员参考使用。书中主要讲述了带式输送机通廊的布置方案、荷载与作用、材料选用、结构分析和杆件设计、构造要求、抗震设计、安全规定等。

在我国大跨度通廊的跨间结构（廊身）以前都采用钢桁架结构。1986 年，在首钢老厂区二炼钢厂建设中首次采用管式通廊。在设计过程中我们经调查研究提出了管式通廊的结构分析方法并用于实际工程中，实践证明效果很好。“管式通廊”项目在 1993 年获中华人民共和国冶金工业部“科学技术进步奖”。随后我们又为包钢设计了一条跨度 59.5m、直径 3300mm、管壁厚 6.3mm 的通廊；为河北新兴厂高炉工程设计了跨度 40m、直径 3300mm、壁厚 6mm 的通廊。这些工程都已建成使用多年，充分证明了管式通廊具有集围护结构、承重结构于一身、节省钢材、造价低廉、制作安装快捷、建筑体型美观流畅的优点。为此，本书也详细地介绍了管式通廊的结构分析方法，各部构件的构造，并以工程实例加以说明。

本书由许传银、刘巍同志审核。由于编写人员水平有限，书中不当之处在所难免，望广大读者批评指正。

编著者

2018 年 11 月 30 日

目　录

1 绪　　论

1.1 工程术语

带式输送机：利用托辊支承、依靠传动滚筒与输送胶带间摩擦力传递牵引力，连续运送松散物料（块、粒、粉）的带式输送设备。

带式输送机通廊：供支承安装带式输送机用的构筑物，简称“通廊”。

管式通廊：以大口径钢管做跨间结构（廊身）的通廊。

通道：通廊中的走道、跨机桥、平台、钢梯。

固定铰支座：不能平动，能转动，不传递弯矩，能传递廊身其他反力的约束节点。

滑动支座：横向不能平动，不传递弯矩，能传递廊身其他反力，接触面可保持不变地进行有限纵向位移的约束节点。

滚动支座：横向不能平动，不传递弯矩，能传递廊身其他反力，接触面可不断改变地进行有限纵向位移的约束节点。

1.2 通廊的组成

通廊由跨间结构（廊身）和支承结构（支架）组成。

1.3 通廊设计应遵守的国家规范

通廊设计应遵守的国家规范有：

《工程结构可靠性设计统一标准》(GB 50153)。

《钢结构设计规范》(GB 50017)。

《建筑结构荷载规范》(GB 50009)。

《混凝土结构设计规范》(GB 50010)。

《建筑抗震设计规范》(GB 50011)。

《构筑物抗震设计规范》(GB 50191)。

《建筑设计防火规范》(GB 50016)。

《钢铁冶金企业设计防火规范》(GB 50141)。

《钢铁冶金企业胶带机钢结构通廊设计规范》(YB 4358)。

《高耸结构设计规范》(GB 50135)。

2 基本规定

2.1 设计原则

通廊设计采用以概率论为基础的极限状态设计方法。应根据通廊在使用过程中可能出现的最不利荷载效应组合，按承载能力极限状态和正常使用极限状态进行设计。用分项系数设计表达式进行计算，包括：整体结构、单个构件和节点的强度、稳定性及变形。

荷载效应组合除应符合国家现行标准的有关规定外，还应满足下列要求：

（1）敞开式通廊的通道、半封闭和封闭式通廊的屋面均布可变荷载和雪荷载不应同时组合，应取二者较大者与灰荷载同时组合。

（2）通道和胶带机支腿下面的均布可变荷载与安装检修荷载不应同时组合，应取二者的较大值。

（3）风荷载与地震荷载同时组合，且风荷载起控制作用时，其组合值系数应采用0.2。

按承载能力极限状态设计通廊时，应根据现行国家标准《建筑结构荷载规范》(GB 50009）和《建筑抗震设计规范》(GB 50011）的规定，采用荷载效应基本组合及地震作用组合。必要时还应考虑荷载效应的偶然组合。

其组合表达式、设计值和相关参数应符合下列要求：

（1）无地震作用基本组合：

$$\gamma_0 S_a \leqslant R_a \tag{2-1}$$

（2）有地震作用基本组合：

$$S_a \leqslant \frac{R_a}{\gamma_{RE}} \tag{2-2}$$

式中　γ_0——重要性系数，一般通廊取1；

S_a——荷载效应组合设计值；

R_a——结构构件抗力设计值；

γ_{RE}——承载力抗震调整系数，应符合表 2-1 的要求。

表 2-1 承载力抗震调整系数

材 料	结 构 构 件	受力状态	γ_{RE}
钢材	柱、梁、支撑、节点板、螺栓、焊缝	强度	0.75
	柱、支撑	稳定	0.80
混凝土	梁	受弯	0.75
	轴压比小于 0.15 的柱	偏压	0.75
	轴压比不小于 0.15 的柱	偏压	0.80

按承载能力极限状态设计通廊时，偶然作用的代表值不乘以分项系数。

承载能力极限状态荷载效应组合的分项系数和组合值系数应符合《建筑结构荷载规范》(GB 50009) 的规定。永久荷载的分项系数的取值应符合如下规定：

（1）当永久荷载效应对结构不利时，对由可变荷载效应控制的组合应取 1.2，对由永久荷载效应控制的组合取 1.35。

（2）当永久荷载效应对结构有利时，不应大于 1.0。

按正常使用极限状态设计通廊时，应根据不同的要求采用荷载效应标准组合和准永久组合。动荷载不乘动力系数。

变形的计算值不应超过相应的规定限值。按正常使用极限状态设计公式（2-3）进行。

$$S_a \leqslant C \tag{2-3}$$

式中 S_a——荷载标准组合效应的组合设计值。

C——结构或结构构件达到正常使用要求的规定限值，如变形、裂缝等限值。

通廊设计应避免通廊结构与大型胶带机发生共振。两者的自振周期不应接近或重合。胶带机的振动是由上托辊的制作偏差造成的。其平均振动频率是根据胶带的运行速度和上托辊的直径计算确定的。必要时，通廊承载能力极限状态和正常使用极限状态计算还应包括振动分析。

在共振条件下，结构构件应力增加不大于15%~20%。在计算极限状态时，有一系列同时考虑的安全系数。因此，在设计通廊时可以不进行共振计算。[1]

通廊的变形应符合下列规定：

（1）跨间结构（桁架或主梁）最大竖向挠度应控制在通廊跨度的1/500以内，最大横向挠度应控制在通廊跨度的1/400以内。

（2）支架顶部的最大横向位移值应小于其高度的1/350。

（3）固定支架顶部的最大纵向位移值应小于其高度的1/500。

（4）跨度大于24m的通廊桁架宜预先起拱，起拱值可取永久荷载标准值作用下的通廊挠度值。

（5）钢筋混凝土结构裂缝宽度控制在0.2mm以内。

混凝土梁的挠度限值，见表2-2。

表2-2 混凝土梁的挠度限值

构件类别		挠度限值
屋盖，楼盖	当 L_0<7m 时	$L_0/200$（$L_0/250$）
	当 7m≤L_0≤9m 时	$L_0/250$（$L_0/300$）
	当 L_0>9m 时	$L_0/300$（$L_0/400$）

注：1. 表中 L_0 为构件的计算跨度；
2. 表中括号内的数值适用于使用上对挠度要求较高的构件。

在作通廊施工方案时，应验算结构构件运输、安装过程中出现不利于结构的强度、稳定的情况，并采取有效措施避免事故发生。

2.2 承重结构所用钢材

通廊钢材的选用应符合下列要求：

（1）可选用牌号Q235或牌号Q345的钢材，亦可选用牌号Q390

[1] 根据前苏联的《带式输送机通廊设计手册》。

或等级更高的低合金高强度结构钢。

(2) 处在大气潮湿条件下或属中等腐蚀环境中的通廊可选用牌号为 Q235NH、Q295NH、Q355NH 的钢材。另外，管式通廊的外表面面积较大，也宜采用耐候钢板。[1]

(3) 非强度控制的构件，如平台板、跨机桥和钢梯等宜选用牌号为 Q235B 的钢材。

(4) 焊接结构不宜选用牌号为 Q235A、Q345A、Q395A 等 A 级结构钢材。

钢材 Q235 的质量应符合现行国家标准《碳素钢结构钢》(GB/T 700) 的有关规定，Q345 和 Q390 或等级更高的低合金高强度结构钢质量应符合现行国家标准《低合金高强度结构钢》(GB/T 1591) 的规定。Q235NH、Q295NH 和 Q355NH 的质量应符合现行国家标准《耐候结构钢》(GB/T 4171) 的有关规定，其强度设计值见本书附录 B。

钢材的强度设计值和物理性能指标应符合《钢结构设计规范》(GB 50017) 的相关规定。

关于低温冷脆问题，设计人员应予重视。在设计严寒和寒冷地区(我国的东北、华北、西北和西藏都属于这类地区) 的通廊时应慎重选择与环境相适应的不同级别钢材冲击韧性，防止“冷脆”现象发生。

2.3 连接材料

通廊的设计文件应明确对焊材的要求，其化学成分、力学性能等要符合国家标准的规定，且熔敷金属力学性能不应低于相应母材标准规定的下限值。

焊条应符合现行国家标准《非合金钢及细晶粒钢焊条》(GB/T 5117) 或《低合金钢焊条》(GB/T 5118) 的有关规定。

气体保护焊使用的焊丝应符合现行国家标准《熔化焊用钢丝》

---

[1] 我国目前耐候钢材供货充足，仅首钢一家就年产优质的耐候钢板百万吨以上，其中包括 5~6mm 厚的板材。

（GB/T 14957）、《气体保护电弧焊用碳钢、低合金钢焊丝》（GB/T 8110）、《碳钢药芯焊丝》（GB/T 10045）或《低合金钢药芯焊丝》（GB/T 17493）的规定。

埋弧焊使用的焊丝和焊剂应符合现行国家标准《埋弧焊用炭钢焊丝和焊剂》（GB/T 5293）和《埋弧焊用低合金焊丝和焊剂》（GB/T 12470）的有关规定。

气体保护焊使用的氩气应符合现行国家标准《氩》（GB/T 4842）的有关规定。二氧化碳应符合现行国家标准《焊接用二氧化碳》（HG/T 2537）的有关规定。

两种不同强度的钢材焊在一起时，宜采用设计强度低的钢材匹配的焊条或焊丝和焊剂。

通廊设计文件应明确焊接材料的型号，常用的钢材与焊接材料的匹配应符合表 2-3 的规定。

表 2-3 通廊常用的钢材与焊接材料匹配表

母 材	焊 接 材 料			
GB/T 700、GB/T 1591 和 GB/T 4171 标准规定的钢材	焊条电弧焊（SMAW）	实芯焊丝气体保护焊（GMAW）	药芯焊丝气体保护焊（FCAW）	埋弧焊（SAW）
Q235 Q235NH Q295NH	GB/T 5117 规定焊条： E43XX	GB/T 8110 规定焊丝： ER49-X ER50-X	GB/T 10045 规定焊丝： E43XT-X E50XT-XX	GB/T 5293 规定焊剂和焊丝： F4XX-H08A
Q345 Q355NH	GB/T 5117、GB/T 5118 规定焊条： E50XX 或 E50XX-X	GB/T 8110 规定焊丝： ER50-X	GB/T 17493 规定焊丝： E50XTX-X	GB/T 5293 和 GB/T 12470 规定焊剂和焊丝： F5XX-H08MnA 或 F48XX-H08MnA

续表 2-3

母　材	焊　接　材　料			
Q390	GB/T 5118 规定焊条： E55XX	GB/T 8110 规定焊丝： ER55-X	GB/T 17493 规定焊丝： E55XTX-X	GB/T 5293 和 GB/T 12470 规定焊剂和焊丝： F50XX-H08MnA 或 F50XX-H10Mn2

注：1. 当设计或被焊接母材有抗冲击韧性要求时，熔敷金属的冲击吸收功不低于设计规定或国家现行标准对母材的有关规定；
2. 当所焊接的接头板厚不小于 25mm 时，焊条电弧焊应采用低氢型焊条焊接；
3. 表中 XX、-X、X 为对应焊材标准中的焊材类别。

焊缝的强度设计值应符合现行国家标准《钢结构设计规范》(GB 50017) 的规定。

六角头螺栓连接副应符合现行国家标准《六角头螺栓》(GB/T 5782)、《六角头螺栓 C 级》(GB/T 5780)、《六角头螺母 C 级》(GB/T 41) 和《平垫圈 C 级》(GB/T 95) 的有关规定。

高强度螺栓连接副应符合现行国家标准《钢结构用高强度大六角头螺栓》(GB/T 1228)、《钢结构用高强度大六角头螺母》(GB/T 1229)、《钢结构用高强度垫圈》(GB/T 1230)、《钢结构用高强度大六角头螺栓、大六角螺母、垫圈技术条件》(GB/T 1231) 和《钢结构用扭剪型高强度螺栓连接副》(GB/T 3632) 的有关规定。

六角头螺栓和高强度螺栓的强度设计值应符合《钢结构设计规范》(GB 50017) 的规定。

2.4 钢筋混凝土承重结构的材料

混凝土的强度等级不应低于 C30。

梁柱的纵向普通钢筋应采用 HRB400、HRB500、HRBF400、HRBF500 钢筋。

箍筋宜采用 HRB400、HRBF400、HPB300。

钢筋和混凝土的强度设计值应符合《混凝土结构设计规范》(GB 50010) 的要求。

2.5 围护结构材料

半封闭、封闭式通廊的墙面。钢筋混凝土结构的通廊可采用加气混凝土板和钢筋混凝土板。钢结构通廊宜采用压型钢板，其质量应符合现行国家标准《建筑用压型钢板》(GB/T 12755)、行业标准《压型金属板设计施工规程》(YBJ 216) 及《金属压型板应用技术规范》的相关规定。

封闭通廊的屋面和墙面可采用玻璃窗采光，亦可采用阻燃型玻璃纤维增强聚酯采光板（玻璃钢采光板）采光。

3 荷载和作用

3.1 荷载和作用的分类

荷载和作用的取值应符合现行国家标准《建筑结构荷载规范》(GB 50009)、《建筑抗震设计规范》(GB 50011) 和《构筑物抗震设计规范》(GB 50191) 的相关规定。

施加在通廊上的荷载和作用可分为以下四类:

(1) 永久荷载:工艺设备、围护结构建筑材料、结构构件、电缆和桥架、消防设施以及管道等。

(2) 可变荷载:被输送的物料重、风、雪、冰、积灰荷载、安装、操作、备件及检修荷载、屋面、通道和平台可变荷载、单轨吊和温度效应等。

(3) 偶然荷载:生产事故、火灾、爆炸、撞击、胶带断裂等。

(4) 地震作用。

3.2 工艺荷载

通廊设计应取得如下工艺荷载标准值及其相关参数:

(1) 胶带、托辊、支架和防护罩等。

(2) 被输送的物料及其超载系数。

(3) 胶带机的启动、运行和制动张力。

(4) 设备的垂直力、水平力位置和水平力的相对高度,如电机、减速机和头轮等。

(5) 单轨吊、除铁器、硫化机、计量秤、张紧装置和取样器等设施及其作用位置。

(6) 胶带机的生产操作和检修荷载等。

直接支承工艺设备的板、次梁、桁架（主梁）及其节点应计算动力作用，该动力作用可简化为设备荷载乘以动力系数，其值可按表3-1采用。

表3-1 通廊常用的设备动力系数

序 号	设备名称	部 位	动力系数
1	带式输送机	头部（传动部分）	1.5
		中部和尾部	1.3
		张紧装置部位	1.1
2	减速机	功率<75kW	1.2
		功率≥75kW	2.0
3	电动机	转速≤500r/min	1.2
		转速=750r/min	1.6
		转速=1000r/min	2.0
		转速=1250r/min	2.5
		转速=1500r/min	3.0

通廊常用的设备动力系数是经验值。如果电机和减速机等驱动装置在同一个设备基础（构架）上时，可采用一个动力系数，动力系数的大小可按电机和减速机的自重所占的比例来确定。通廊的设备动力系数也可要求工艺提供。

胶带机设备及所运送的物料产生的垂直荷载，以胶带机每个支腿垂直荷载 Q_C 的形式传到跨间结构的楼板上。荷载 Q_C 如图3-1和表3-2所示。

垂直荷载 Q_C 应由工艺专业提供。如果工艺专业一时提不出来，可参照表3-2所提供的数据进行初步设计。

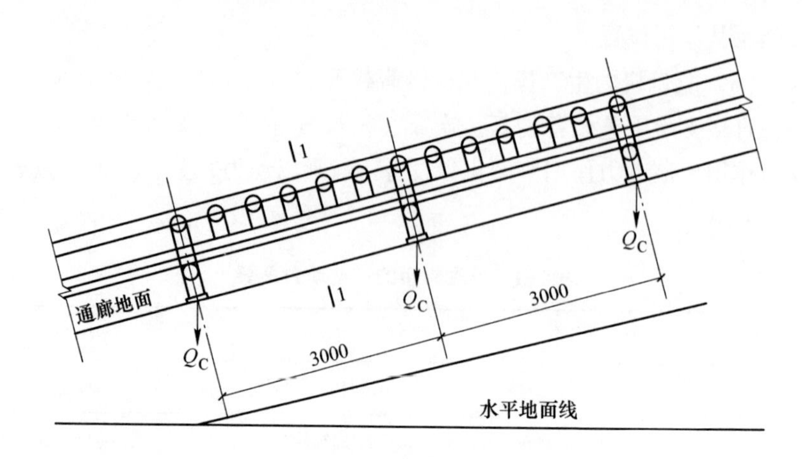

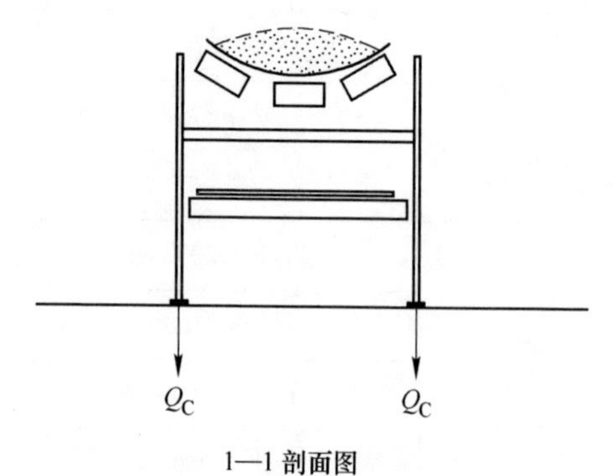

1—1 剖面图

图 3-1　胶带机荷载

表 3-2　胶带机支腿的垂直荷载 Q_C 值

Q_C/kN 胶带宽 B/mm	在胶带机支腿间距为 3m 和物料堆密度 ρ（kg/m^3）为下列数值时，一个支腿上的垂直荷载标准值						
	800	1200	1600	2000	2400	2800	3200
650	2. 0	2. 3	2. 6	3. 1	3. 4	3. 7	4. 0
800	3. 9	4. 3	4. 8	5. 5	6. 0	6. 4	6. 8
1000	4. 7	5. 4	6. 1	7. 2	7. 9	8. 6	9. 3
1200	5. 9	6. 9	7. 9	9. 5	10. 5	11. 4	12. 4

续表 3-2

Q_C/kN 胶带宽 B/mm	在胶带机支腿间距为 3m 和物料堆密度 ρ（kg/m^3）为下列数值时，一个支腿上的垂直荷载标准值						
	800	1200	1600	2000	2400	2800	3200
1400	7.2	8.5	9.9	12.5	13.8	15.2	16.5
1600	9.9	11.7	13.5	15.9	17.7	19.5	21.3
2000	14.1	16.8	19.6	22.7	25.5	28.5	30.9

胶带机在操作事故的状态下，发生的胶带抱闸和胶带断裂产生的荷载。我们尚未查到国内有关的数据，前苏联的《带式输送机通廊设计手册》提出：在胶带宽为 1000mm 和小于 1000mm 时这个力为 100kN，在胶带宽为 2000mm 时这个力为 300kN。对胶带宽度中间值用线性内插法确定。这项荷载通过胶带机支腿，沿通廊上端的运动方向传到通廊的楼板和纵向构件上。这项荷载不以同一条通廊内的胶带机的数量而变化。这是一项偶然荷载，所产生的效应能增加跨间桁架结构的下弦的内力。对管式通廊产生轴向拉力。

3.3 通廊自重

通廊自重包括结构、围护材料和其他建筑材料，如桁架、支撑、梁、檩条、压型板、落矿挡板、通道地面、支架和管道吊架等，其值应按现行国家标准《建筑结构荷载规范》(GB 50009) 的相关规定计算确定。

自重变化较大的材料（如保温材料）和构件，其标准值应根据对结构产生的作用效应，正确选取上限值或下限值。

3.4 电缆和管道荷载

廊身内有电缆时，应取得电气专业荷载标准值及其相关参数，如电缆走向、桥架层数、位置、悬伸长度和作用点等。

电缆及其桥架宜沿廊身纵向均匀和对称敷设，且通道表面与电缆桥架间的净高度不应小于2m。

通廊上有除尘、给排水、热力或燃气等管道时，应取得管道荷载标准值及其相关参数，如管道走向、根数、直径、位置、支承点以及管道内的积灰积水。

管道对通廊的竖向或横向作用，应根据支点位置、输送介质、温度变化、摩擦类型和管道不平衡内压力（各种补偿器、盲板力）等进行计算。

电缆和管线荷载可参照表3-3取用。

表3-3　工业管道和电缆荷载（估算值仅供参考）

<table>
<tr><th>序号</th><th>工 业 管 线</th><th>荷载 $q/\mathrm{kN \cdot m^{-1}}$</th><th>备注</th></tr>
<tr><td>1</td><td>分配管线</td><td>0.2</td><td rowspan="4">沿廊身长度方向</td></tr>
<tr><td>2</td><td>采暖设备（对保温通廊）</td><td>1.0</td></tr>
<tr><td>3</td><td>给水管和排水管、润滑油管</td><td>0.5</td></tr>
<tr><td>4</td><td>动力、照明、检测仪表、通讯电缆</td><td>0.4</td></tr>
</table>

3.5　风荷载

风荷载应按现行国家标准《建筑结构荷载规范》(GB 50009）的相关规定计算，并满足下列要求：

（1）敞开式通廊的体形系数可参照桁架的体形系数取值。

（2）半封闭和封闭式通廊的风荷载体形系数可按体形类同者、有关工程资料或风洞实验确定。如果不具备作风洞试验条件时，可按图3-2确定体形系数。

通廊毗邻较高和相距较近建（构）筑物时，宜按现行国家标准《建筑结构荷载规范》(GB 50009）的有关规定，计算风力相互干扰的群体效应，将廊身体形系数乘以相互干扰增大系数。

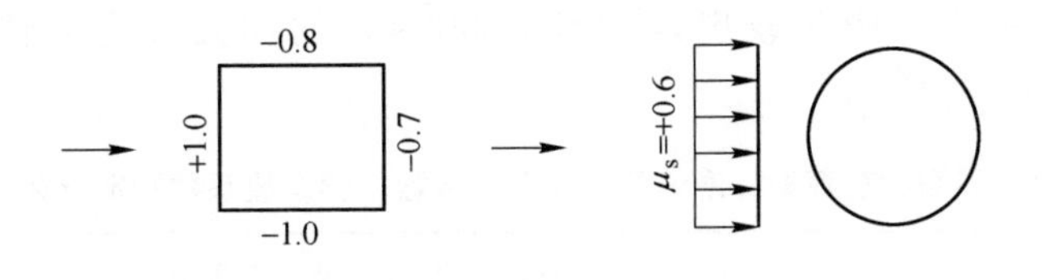

矩形断面通廊　　　　管式通廊

图 3-2　封闭式廊身体形系数 μ

(→表示方向；+表示压力；-表示吸力)

3.6　积雪荷载

雪荷载标准值和基本雪压应按《建筑结构荷载规范》(GB 50009)的相关规定取值。

与建（构）筑物相连形成阴角的端跨通廊，应按积雪的最不利工况计算。屋面板、檩条和横梁按积雪不均匀的最不利工况计算；纵向桁架（主梁）按全跨均匀分布、不均匀分布和半跨均匀分布三种情况计算。

敞开通廊的通道、半封闭和封闭式通廊的屋面，设计文件应对其允许堆积冰雪的厚度作出明确规定。

3.7　覆冰荷载

露天敞开桁架式通廊如符合覆冰气象条件，应计算结构构件表面覆冰后引起的荷载增加，挡风面积加大的不利影响等工况。

结构杆件上覆冰荷载的计算要求和覆冰后的风荷载增大系数应按现行国家标准《高耸结构设计规范》(GB 50135）的相关规定进行计算确定。

3.8　屋面积灰荷载

通廊的屋面积灰荷载标准值和相关参数应根据工程所处的位

置按《建筑结构荷载规范》(GB 50009) 的相关规定酌情取用，见表3-4。

表3-4 屋面积灰荷载标准值及其组合值系数、频遇值系数和准永久值系数

<table>
<tr><th>项次</th><th colspan="2">类 别</th><th>标准值 /kN·m^{-2}</th><th>组合值系数 ψ_c</th><th>频遇值系数 ψ_f</th><th>准永久值系数 ψ_q</th></tr>
<tr><td>1</td><td colspan="2">原料场区域（包括煤、矿石、烧结料、石灰石等）</td><td>0.50</td><td>0.9</td><td>0.9</td><td>0.8</td></tr>
<tr><td rowspan="3">2</td><td rowspan="3">炼铁高炉区域</td><td>屋面离高炉≤50m</td><td>1.00</td><td rowspan="3">1.0</td><td rowspan="3">1.0</td><td rowspan="3">1.0</td></tr>
<tr><td>屋面离高炉 100m</td><td>0.50</td></tr>
<tr><td>屋面离高炉 200m</td><td>0.30</td></tr>
<tr><td rowspan="3">3</td><td rowspan="3">烧结区域</td><td>耐火厂、普通砖厂和硅砖厂</td><td>1.00</td><td rowspan="6">0.9</td><td rowspan="6">0.9</td><td rowspan="6">0.8</td></tr>
<tr><td>烧结室和一次混合室</td><td>0.50</td></tr>
<tr><td>烧结厂的通廊和其他车间</td><td>0.30</td></tr>
<tr><td>4</td><td colspan="2">氧气转炉炼钢车间区域</td><td>0.30</td></tr>
<tr><td>5</td><td colspan="2">水泥厂有灰原的车间（窑房、破碎房、磨房、联合库、烘干房）</td><td>1.00</td></tr>
<tr><td>6</td><td colspan="2">水泥厂无灰原的车间（空压站、机修车间、材料库、配电站）</td><td>0.50</td></tr>
</table>

注：表中的积灰荷载标准值，仅应用于屋面坡度 $\alpha \leqslant 25°$；当 $\alpha > 45°$ 时可不考虑积灰荷载；当 α 在 25°~45°之间时，可按线性内插法取值。

3.9 均布可变荷载

半封闭和封闭式通廊屋面水平投影均布可变荷载取 0.5kN/mm^2。通廊内部水平投影均布活荷载按下列规定采用：

(1) 走道计算板加劲肋和次梁时取值不宜小于 2.0kN/m^2，计算桁架（主梁）时取值可根据《建筑结构荷载规范》(GB 50009) 和负载面积进行折减。

(2) 胶带机支腿范围内平台均布活荷载不宜小于 0.3 ~ 0.5kN/m^2。

(3) 胶带机头部范围内平台，重锤张紧装置平台均布活荷载由工艺专业根据实际情况提出其大小，但不宜小于 4kN/m^2。

平台栏杆水平荷载为 1.0kN/m。

3.10 温度作用

廊身支座采用固定铰与支架连接时，因温度作用从支座传递到支架顶部的纵向水平推力，可按下列各式计算：

$$P_f = \frac{3EI\Delta L}{H^3} \tag{3-1}$$

$$\Delta L = K_t L_j \alpha \Delta t \tag{3-2}$$

式中 P_f——廊身支座传递到支架顶部的纵向水平推力，N；

E——支架结构材料的弹性模量，N/mm^2；

I——支架结构构件的截面惯性矩，mm^4；

ΔL——廊身支座处的热膨胀值，mm；

H——基础顶面至支架顶部的高度，mm；

K_t——保温影响系数，保温通廊取 0.6，不保温通廊取 1.0；

L_j——温度区段内变形约束中心点至计算支座之间的廊身水平投影长度，mm；

α——钢材的线膨胀系数，1.2×10^{-5}/℃；

Δt——通廊安装合拢时，室外环境温度与该地区最高（或最低）五日极端温度平均值之差，℃。

温度区段内的通廊变形约束中心点可按下列方法确定：

(1) 一端采用滑（滚）动支座，另一端采用固定铰接与建（构）筑物连接时，该固定铰接支座为通廊变形约束中心点。

(2) 两端与建（构）筑物脱开，中间设有一个固定支架时，固定支架处的固定铰为通廊变形约束中心点。

（3）两端与建（构）筑物脱开中间设有两个或多个固定支架时，通廊变形约束中心点位置如图 3-3 所示，并可按下式计算确定：

$$X_C = \sum \frac{K_{ai} X_i}{K_a} \tag{3-3}$$

式中　X_C——通廊一端（坐标原点）至变形约束点的水平距离，m；

K_{ai}——每个支架的侧移刚度，m^3；

X_i——每个支架至坐标原点的水平距离，m；

K_a——计算温度区段支架的侧移刚度之和，m^3。

在变形约束中心点，通廊传递到支撑结构顶部的纵向水平推力，应为该温度区段内通廊传递到其他支承结构顶部的纵向水平推力之代数和。

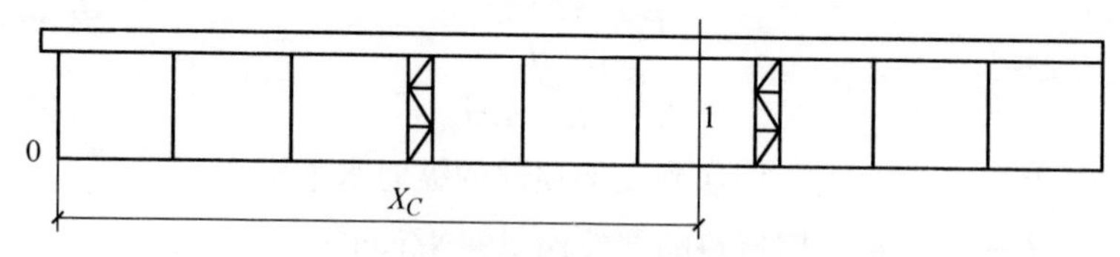

图 3-3　通廊变形约束中心点位置示意图

（1 为变形约束中心点）

3.11　摩擦力

采用滑（滚）动支座时廊身与支承结构之间产生摩擦传递到支承结构顶部的纵向水平推力应按下式进行计算：

$$F_x = \mu_f L_1 g_L$$

式中　F_x——由摩擦产生的、沿通廊支座纵向作用的水平力设计值，N；

μ_f——摩擦系数，可按表 3-5 采用；

L_1——计算竖向荷载范围的通廊水平投影长度，m；

g_L——通廊水平投影单位长度上的等效重力荷载，N/m。

表 3-5 通廊滑（滚）动支座常用摩擦系数 μ_f

摩擦类型	滑动摩擦						钢与钢
	钢与钢	钢与混凝土	钢与聚四氟乙烯	聚四氟乙烯之间	不锈钢与聚四氟乙烯之间加硅脂	不锈钢与聚四氟乙烯之间不加硅脂	
摩擦系数	0.3	0.4	0.2	0.05	0.06	0.12	0.1

注：当温度低于-25℃时，不锈钢与聚四氟乙烯板之间的滑动摩擦系数应增加 30%。

采用其他形式可使通廊产生有限纵向位移的支座时，其摩擦系数应根据支座产品选取。设计应考虑材料老化和更换的可能，同时应强调在设计周期内的管理。

3.12 地震作用

抗震设防烈度为 6 度和 6 度以上地区的通廊应进行抗震设计，具体规定见本书第 8 章。

4 通廊布置方案

4.1 一般规定

通廊与铁路、公路、水域、动力管道等毗邻或立体交叉时，其净空距离应符合国家现行标准的规定。

路线的选择、坡度和支架的位置由工艺专业要求和总图特点决定。

通廊由廊身结构（桁架或管梁）、支承结构（支架）和维护结构组成。其平面、立面、横截面、支撑布置等宜规则和对称并应具有足够的空间刚度。

根据工艺的要求，在一个通廊内可以布置一条带式输送机，也可布置两条或三条平行的带式输送机。

廊身的跨度，一般应采用 18m、24m、36m、42m 和 48m，如果小于 18m 或大于 48m 时尽可能采用 3m 的倍数。跨度不宜大于 60m。

通廊支架有两种形式：平面（单片）和空间的（固定）支架。

较长的通廊应设伸缩缝。要求如下：

（1）钢筋混凝土结构封闭式通廊伸缩缝最大间距 100m，对敞开式和半封闭式通廊伸缩缝最大间距 70m。

（2）钢结构封闭式通廊伸缩缝最大间距 180m，对敞开式和半封闭式通廊伸缩缝最大间距 120m。

（3）伸缩缝的最小宽度：对敞开式和半封闭式通廊为 75mm，对于封闭式通廊为 105mm，并且不小于抗震缝的宽度。

为保证通廊的纵向稳定性，每个温度区段必须设置固定支架。通廊较长时应在温度区段中央附近设两个固定支架，固定支架顶与廊身用固定铰支座连接，也可利用低端邻近的转运站和其他构筑物为固定点。

通廊的纵向布置可参照图 4-1~图 4-4 进行。

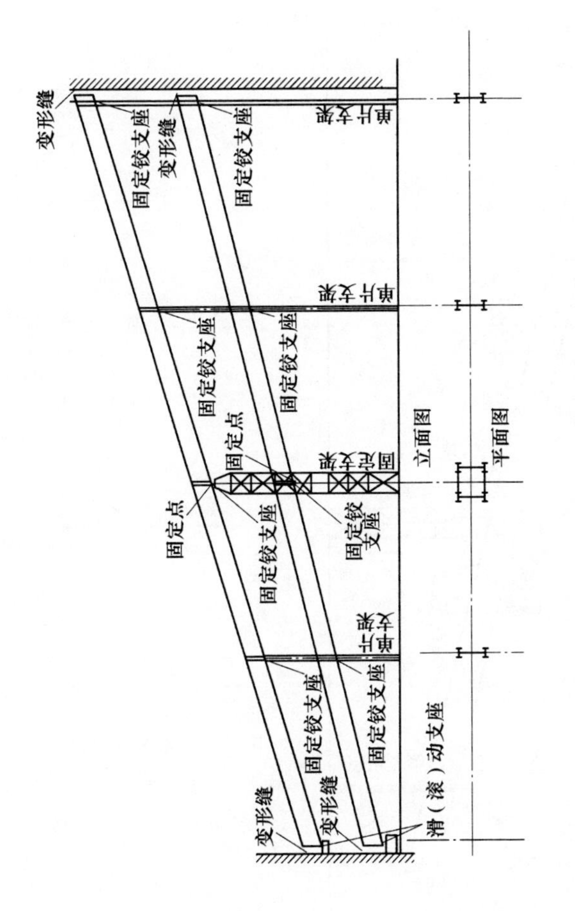
变形缝
固定铰支座
变形缝
固定铰支座
单片支架
单片支架
固定铰支座
固定铰支座
固定点
固定点
固定铰支座
固定铰支座
固定支架
立面图
平面图
单片支架
固定铰支座
固定铰支座
变形缝
变形缝
滑（滚）动支座

图 4-1 通廊纵向布置（1）

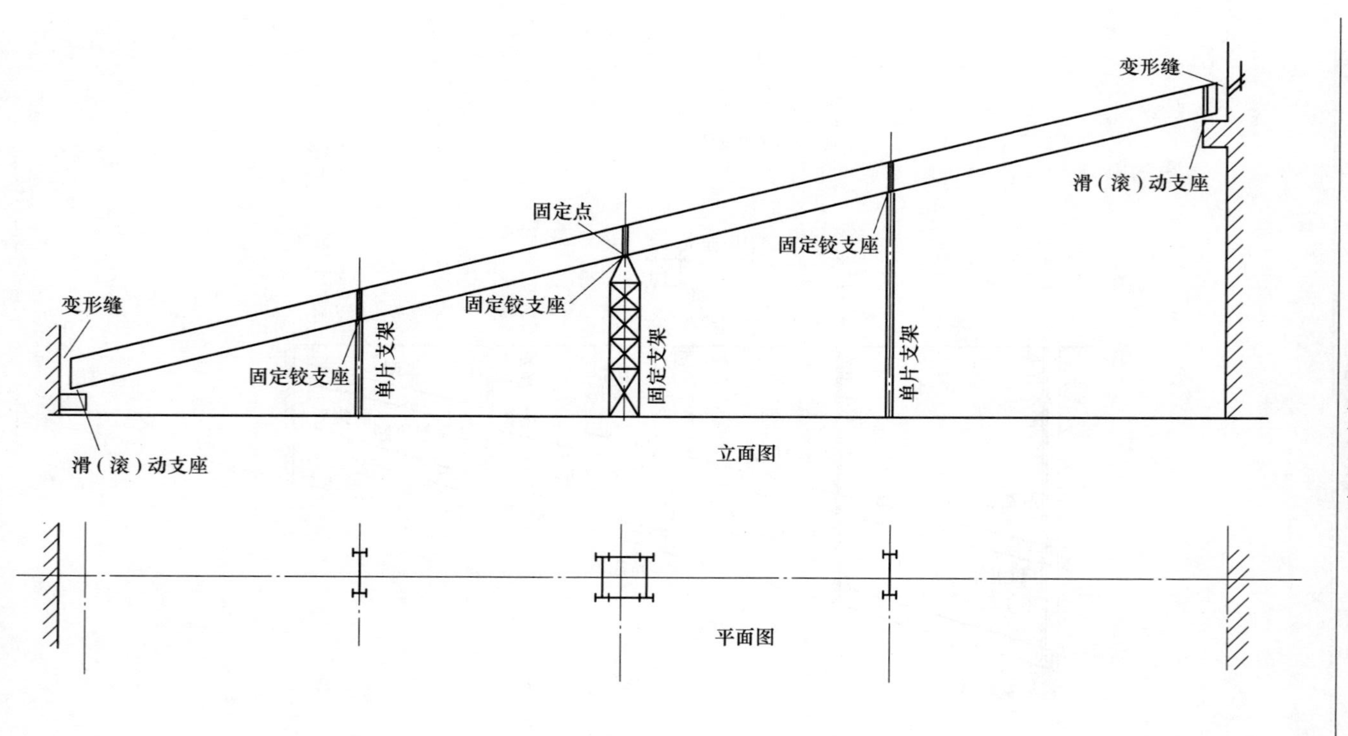
变形缝
滑（滚）动支座
固定点
固定铰支座
固定铰支座
变形缝
固定铰支座
单片支架
固定支架
单片支架
滑（滚）动支座
立面图
平面图

图 4-2　通廊纵向布置（2）

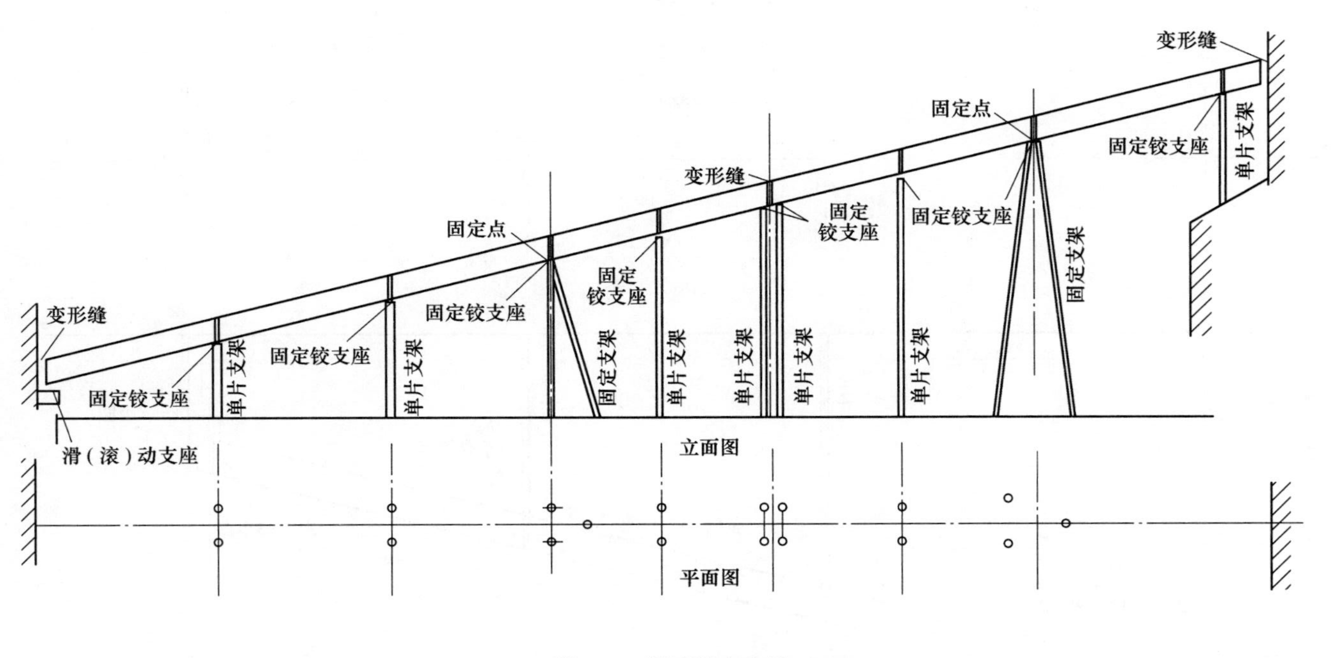
变形缝
固定点
固定铰支座
单片支架
变形缝
固定
铰支座
固定铰支座
固定支架
固定点
固定
铰支座
固定铰支座
变形缝
固定铰支座
单片支架
单片支架
固定支架
单片支架
单片支架
单片支架
单片支架
滑（滚）动支座
立面图
平面图

图 4-3 通廊纵向布置（3）

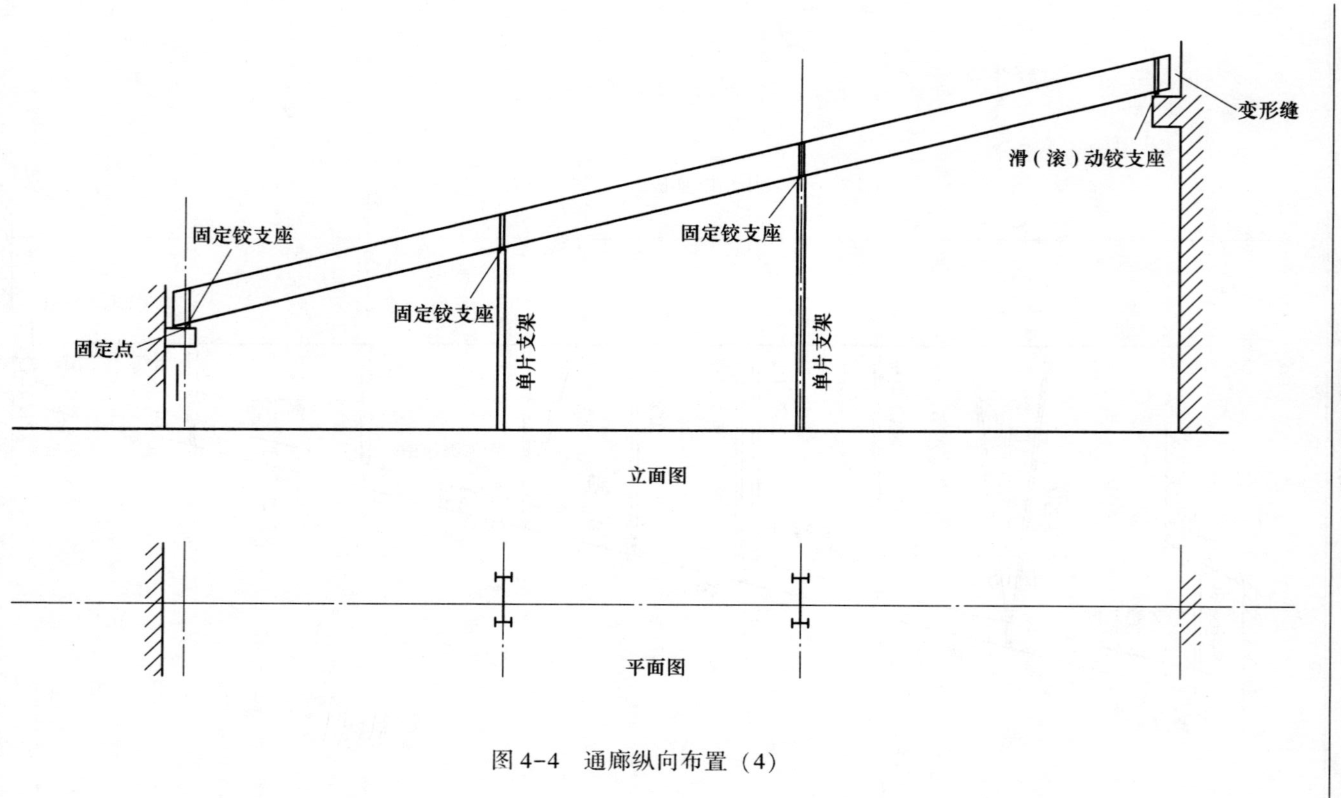

图 4-4 通廊纵向布置（4）

通廊断面的内部尺寸规定如下：宽度取决于胶带机的数量、机架的尺寸和管道带的宽度、安装维修通道的宽度。高度取决于通道的高度、管道带的高度。

用于一条带式输送机和两条带式输送机通廊的限界尺寸根据《运输机械设计选用手册》，列于图4–5~图4–9和表4–1~表4–6中。

封闭式廊身采光设计应符合现行国家标准《建筑采光设计标准》（GB 50033）的有关规定，其照度应大于或等于$30L_x$。

封闭式焦炭胶带机通廊散热和通风窗户应结合采光需要统一布置。

封闭式水渣胶带机通廊屋顶应设置通风帽，并采取排水措施。

热返矿通廊净高度不宜小于2600mm。

在通廊跨间结构（廊身）内一般只布置带式输送机的中间部分，而带式输送机的“头部”往往在廊身之外。

通廊的坡度是根据总图条件与所输送的散料性质确定的，一般不超过24°，散物料的特性见表4–7。

廊身根据工艺要求和所在场地的气候条件设计成保温与不保温的。

带式输送机的支架一般落在通廊的地板上，也可以吊在屋面梁上。

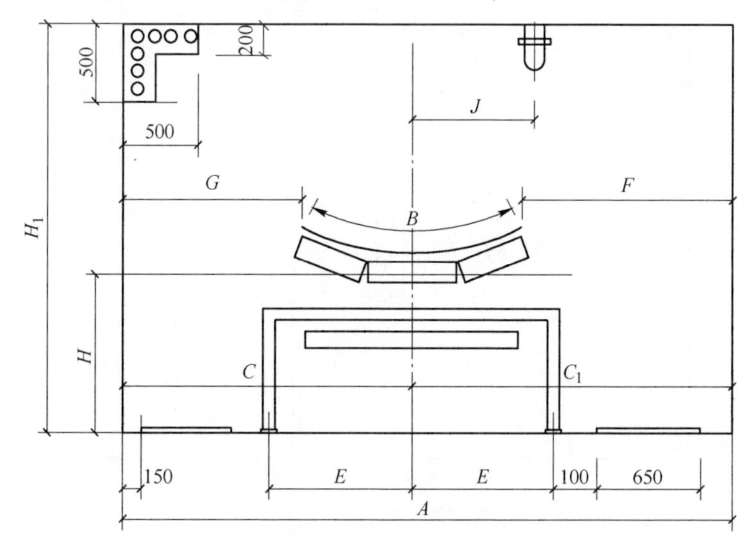

图4–5 非采暖单机通廊尺寸

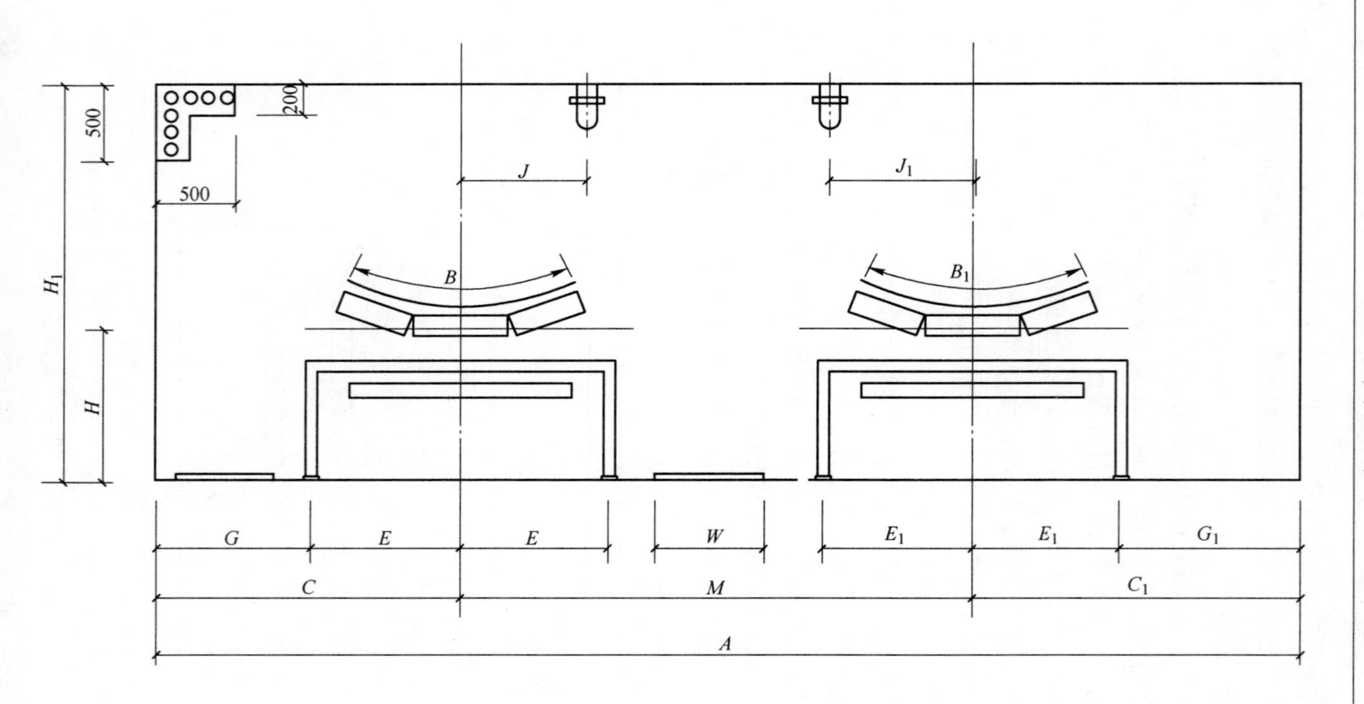

图 4-6　非采暖双机通廊尺寸

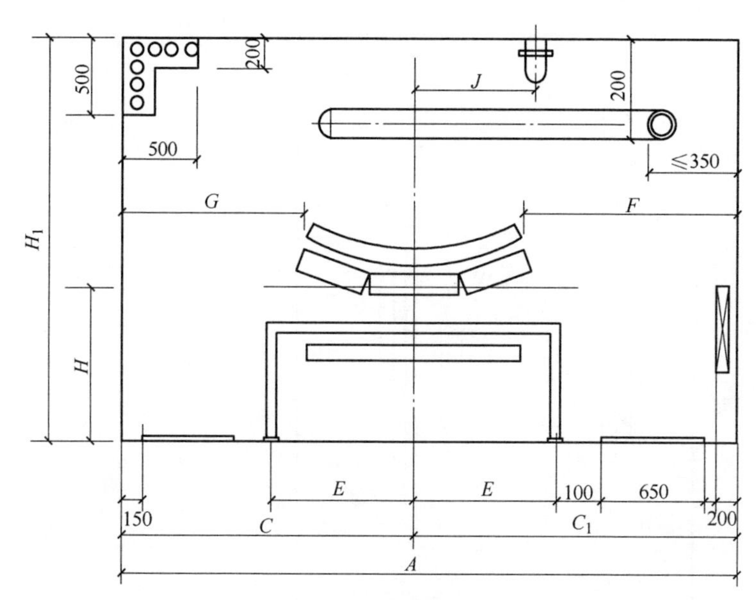

图 4-7 采暖单机通廊尺寸

表 4-1 非采暖单机通廊尺寸 (mm)

胶带宽 B	A	C_1	C	E	F	G	H	J	H_1
300	1900	1300	600	260	1040	340	800	300	≥2200
400	2000	1350	650	310	1040	340	800	300	≥2200
500	2600	1450	1150	440	1010	710	800/1000	300	≥2200
650	2800	1600	1200	520	1080	680	800/1000	400	≥2200
800	3000	1650	1350	620	1030	730	800/1200	500	≥2200
1000	3400	2000	1400	720	1280	680	1000/1500	600	≥2500
1200	3700	2150	1550	840	1310	710	1000/1500	700	≥2500
1400	3900	2200	1700	960	1240	740	1000/1500	800	≥2500
1600	4200	2450	1750	1060	1390	690	1650	900	≥2800
1800	4500	2600	1900	1180	1420	720	1750	1000	≥2800
2000	4800	2750	2050	1280	1470	770	1800	1100	≥2800

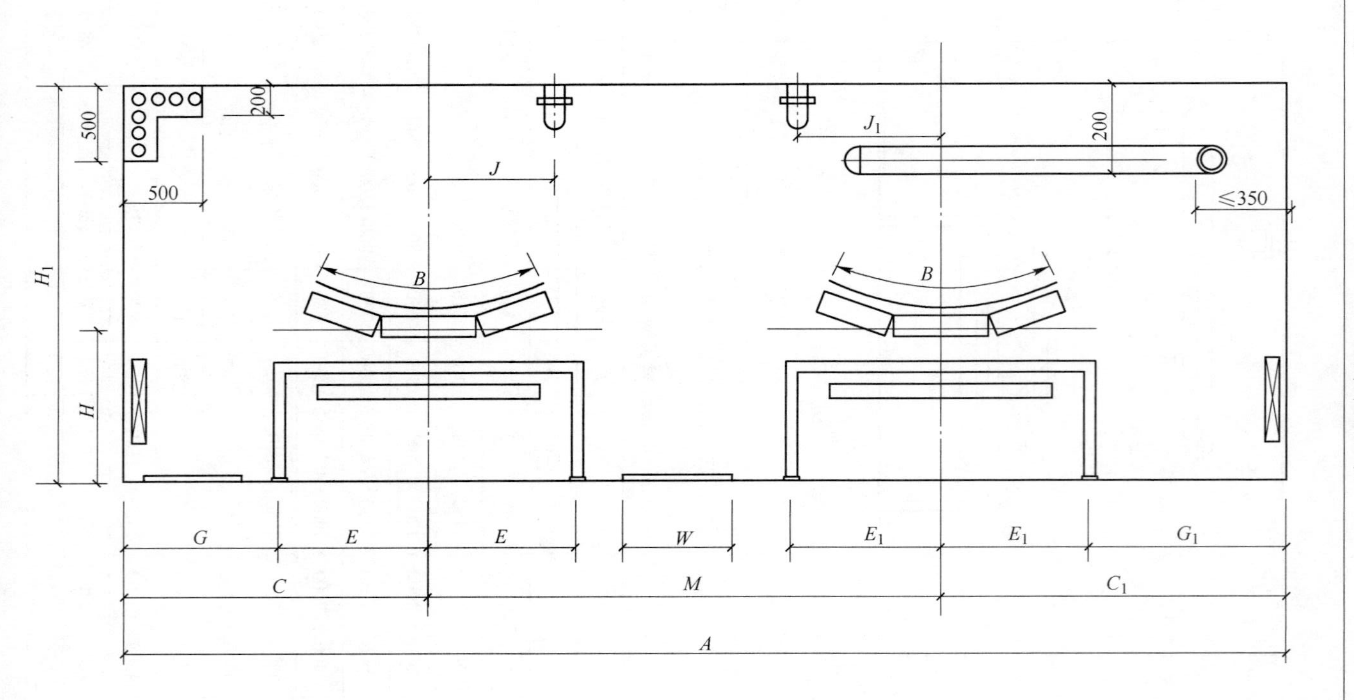

图 4-8　采暖双机通廊尺寸

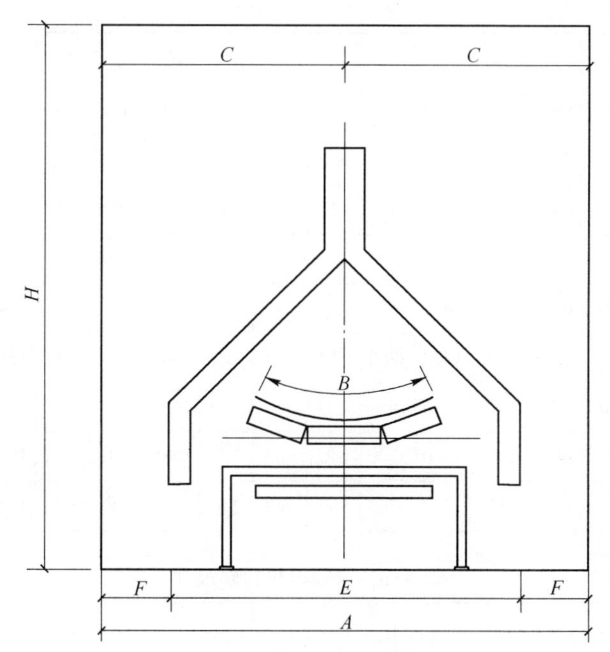

图 4-9 装有电动卸料车通廊尺寸

表 4-2 非采暖双机通廊尺寸 (mm)

胶带宽 $B+B_1$	A	M	C	C_1	E	E_1	G	G_1	J	J_1	W	H_1
500+500	4500	2200	1150	1150	440	440	710	710	300	300	1320	≥2500
500+650	4500	2200	1100	1200	440	520	660	680	300	400	1240	≥2500
500+800	4800	2400	1100	1300	440	620	660	680	300	500	1340	≥2500
500+1000	5100	2600	1100	1400	440	720	660	680	300	600	1340	≥2500
650+650	4800	2400	1200	1200	520	520	680	680	400	400	1360	≥2500
650+800	5100	2600	1200	1300	520	620	680	680	400	500	1360	≥2500
650+1000	5300	2700	1200	1400	520	720	680	680	400	600	1460	≥2500
650+1200	5500	2800	1200	1500	520	840	680	660	400	700	1440	≥2500
800+800	5300	2700	1300	1300	620	620	680	680	500	500	1460	≥2500

续表 4-2

胶带宽 $B+B_1$	A	M	C	C_1	E	E_1	G	G_1	J	J_1	W	H_1
800+1000	5500	2800	1300	1400	620	720	680	680	500	600	1460	≥2500
800+1200	5700	2900	1300	1500	620	840	680	660	500	700	1440	≥2800
800+1400	6000	3000	1300	1700	620	960	680	740	500	800	1420	≥2800
1000+1000	5700	2900	1400	1400	720	720	680	680	600	600	1460	≥2800
1000+1200	6000	3000	1450	1550	720	840	730	710	600	700	1440	≥2800
1000+1400	6300	3200	1400	1700	720	960	680	740	600	800	1520	≥2800
1200+1200	6300	3200	1550	1550	840	840	710	710	700	700	1520	≥2800
1200+1400	6600	3300	1600	1700	840	960	760	740	700	800	1500	≥2800
1400+1400	6900	3500	1700	1700	960	960	740	740	800	800	1580	≥2800

表 4-3　采暖单机通廊尺寸　　(mm)

胶带宽 B	A	C_1	C	E	F	G	H	J	H_1
500	2800	1600/1400	1200/1400	440	1160/960	760/960	800/1000	300	≥2200
650	3000	1800/1600	1200/1400	520	1280/1080	680/880	800/1000	400	≥2200
800	3200	1850/1650	1350/1550	620	1280/1080	730/930	800/1200	500	≥2200
1000	3600	2200/2000	1400/1600	720	1480/1280	680/880	1000/1500	600	≥2500
1200	3800	2300/2100	1500/1700	840	1460/1260	660/860	1000/1500	700	≥2500
1400	4000	2300/2100	1700/1900	960	1340/1140	740/940	1000/1500	800	≥2500

注：1. 分子数值用于操作边（宽边）在北侧的通廊（暖气片在宽边），分母数值用于操作边在南侧的通廊（暖气片在窄边）；

2. 热力主管只允许在 $B=1200\sim1400$mm 的通廊内敷设。

表 4-4 采暖双机通廊尺寸 （mm）

胶带宽 $B+B_1$	A	M	C	C_1	E	E_1	G	G_1	J	J_1	W	H_1
500+500	4800	2300	1250	1250	440	440	810	810	300	300	1420	≥2500
500+650	4800	2300	1200	1300	440	520	760	780	300	400	1340	≥2500
500+800	5100	2500	1200	1400	440	620	760	780	300	500	1440	≥2500
500+1000	5300	2600	1200	1500	440	720	760	780	300	600	1340	≥2500
650+650	5100	2500	1300	1300	520	520	780	780	400	400	1460	≥2500
650+800	5300	2600	1300	1400	520	620	780	780	400	500	1360	≥2500
650+1000	5500	2700	1300	1500	520	720	780	780	400	600	1460	≥2500
650+1200	5700	2800	1300	1600	520	840	780	760	400	700	1440	≥2500
800+800	5500	2700	1400	1400	620	620	780	780	500	500	1460	≥2500
800+1000	5700	2900	1400	1500	620	720	780	780	500	600	1460	≥2500
800+1200	6000	3000	1400	1600	620	840	780	760	500	780	1540	≥2800
800+1400	6300	3100	1400	1800	620	960	780	840	500	800	1520	≥2800
1000+1000	6000	3000	1500	1500	720	720	780	780	600	600	1560	≥2800
1000+1200	6300	3100	1550	1650	720	840	780	810	600	700	1540	≥2800
1000+1400	6600	3300	1500	1800	720	960	780	840	600	800	1620	≥2800
1200+1200	6600	3300	1650	1650	840	840	810	810	700	700	1620	≥2800
1200+1400	6900	3400	1700	1800	840	960	860	840	700	800	1600	≥2800
1400+1400	7200	3600	1800	1800	960	960	840	840	800	800	1680	≥2800

表 4-5 装有电动卸料车通廊尺寸 （mm）

胶带宽 B	A	C	H	E	F
500	4000	2000	4000	1900	1050
650	4300	2150	4000	2050	1125
800	4500	2250	4000	2350	1075
1000	5000/5600	2500	4500	2800/3200	1100/1200
1200	5600/6000	2800	4500	3100/3500	1250
1400	6000/6200	3100	4500	3500/3700	1250

表 4-6　单胶带机管式通廊空间尺寸与跨度的关系

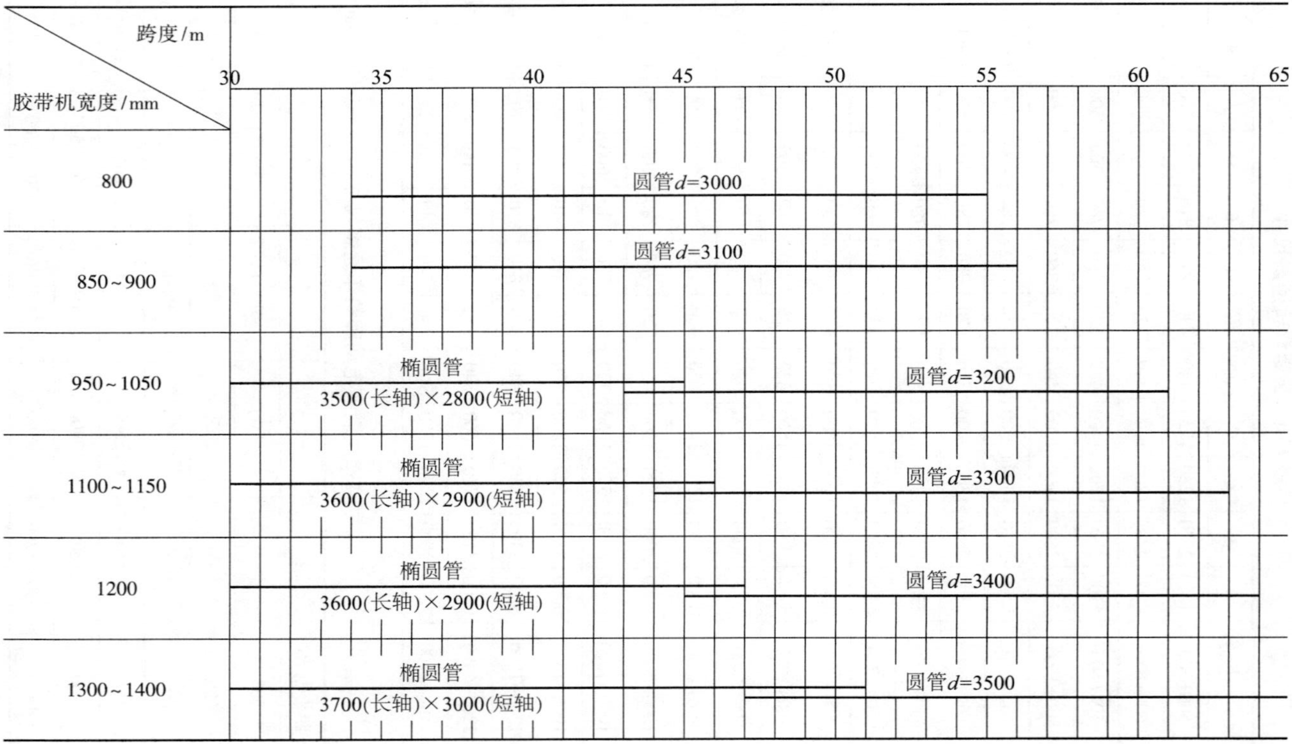

胶带机宽度/mm ＼ 跨度/m（30～65）	椭圆管	圆管
800		圆管 d=3000
850～900		圆管 d=3100
950～1050	椭圆管 3500(长轴)×2800(短轴)	圆管 d=3200
1100～1150	椭圆管 3600(长轴)×2900(短轴)	圆管 d=3300
1200	椭圆管 3600(长轴)×2900(短轴)	圆管 d=3400
1300～1400	椭圆管 3700(长轴)×3000(短轴)	圆管 d=3500

表 4-7 物料特性及通廊的允许倾角

序号	物料名称	堆积密度 ρ/kg·m^{-3}	通廊允许的最大倾角/(°)
1	烟煤（原煤）	850~1000	20
2	烟煤（粉煤）	800~850	20~22
3	炼焦煤（中精尾）	850	20~22
4	无烟煤（块）	900~1000	15~16
5	无烟煤（屑）	1000	18
6	焦炭	450~500	17~18
7	碎焦，焦丁	400~450	20
8	铁矿石	1900~2700	16~18
9	铁粉矿	1800~2200	18
10	铁精矿	2000~2400	20
11	球团矿（铁）	2000~2200	12
12	烧结矿（铁）	1700~2000	16~18
13	烧结矿粉（铁）	1500~1600	18~20
14	石灰石，白云石（块）	1600~1800	16~18
15	石灰石，白云石（粉）	1400~1500	18~20
16	活性石灰	800~1000	16~18
17	轻烧白云石	1500~1700	14~16
18	干砂	1300~1400	16
19	湿砂	1400~1800	20~24
20	废旧型砂	1200~1300	20
21	干松黏土	1200~1400	20
22	湿黏土	1700~2000	20~23
23	油母页岩	1400	18~20
24	高炉渣（块）	1300	18
25	高炉渣（水渣）	1000	20~22
26	钢渣（块）	1400	18
27	原盐	800~1300	18~20
28	谷物	700~850	16
29	化肥	900~1200	12~15

4.2　结构形式

根据工艺专业要求和当地的气候条件以及输送物料的物理性能，通廊可设计成敞开的、半封闭和封闭三种形式。封闭式通廊又分为保温的和非保温的两种。

敞开式通廊不设屋面和墙面，不能防风雨。通廊上部或下部横梁支承托辊支腿。通道和胶带机支架下面的平台可采用花纹钢板或预制混凝土板，不应用格栅板。

敞开的和半封闭式通廊容易造成粉尘外溢应尽量少用。运送石灰等粉末物料的通廊不得用这种形式。

敞开式通廊截面形式如图 4-10 所示。

半封闭式通廊设屋面和局部墙面。通廊上部或下部横梁支承托辊支架。通道和胶带机支架下面的平台可采用花纹钢板、预制混凝土板。

半封闭式通廊横截面形式如图 4-11 所示。

封闭式通廊应设屋面和墙面并设采光带或窗。保温通廊屋面和墙面采用阻燃夹芯板，非保温通廊采用单层压型钢板。平台板可采用花纹钢板、预制混凝土板。保温通廊加保温层。

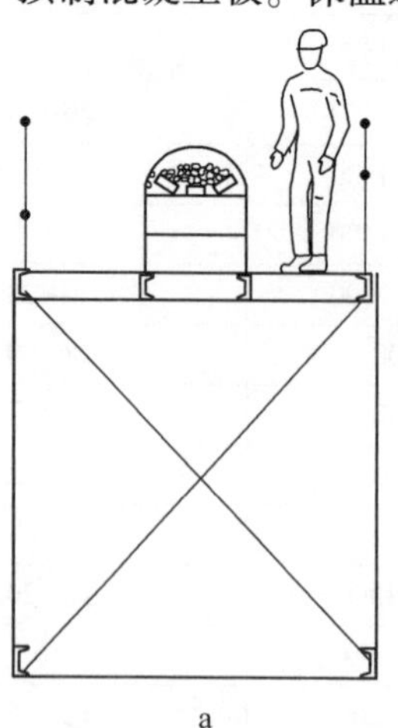

a

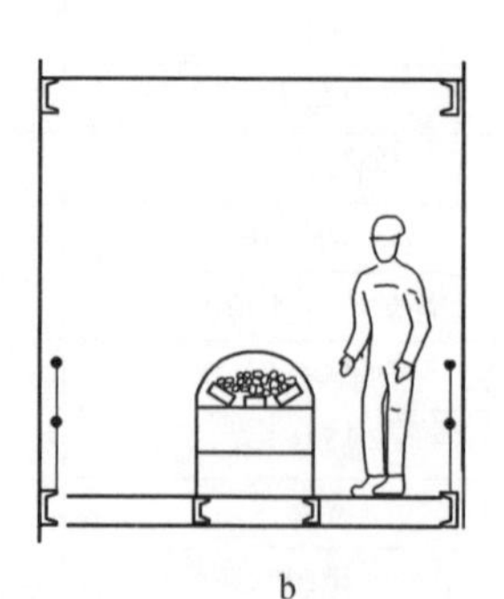

b

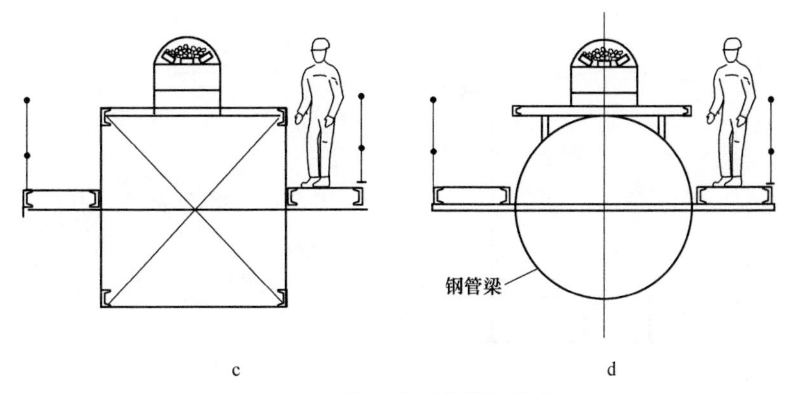

图 4-10　敞开式通廊截面形式

a—上承式；b—下承式；c，d—走道外悬式

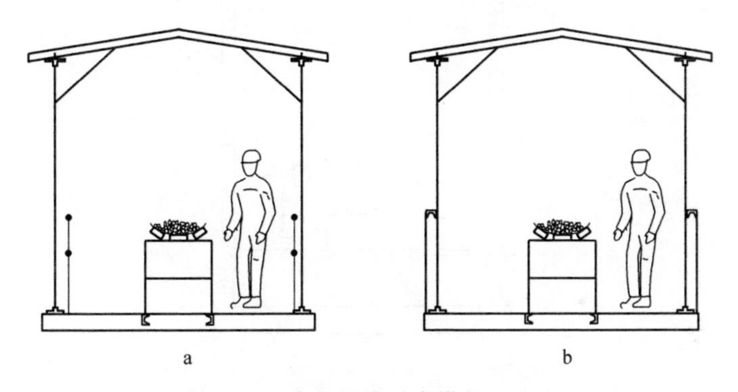

图 4-11　半封闭式通廊横截面形式

a—有盖无墙；b—有盖有半墙

封闭式通廊横截面形式如图 4-12 所示。

钢桁架通廊的廊身端部应设横向门式刚架。

廊身横截面杆件间连接为铰接时，宜在其上方适当部位加腋或设置隅撑（如人字形或八字形）。且宜符合下列规定：

（1）敞开式通廊跨度小于 10m 时，应在跨中设置一道；跨度大于 10m 且小于 24m 时，宜间隔两个节间设置一道；大于或等于 24m 时宜间隔一个节间设置一道。

（2）半封闭和封闭式通廊宜间隔一个节间设置一道。

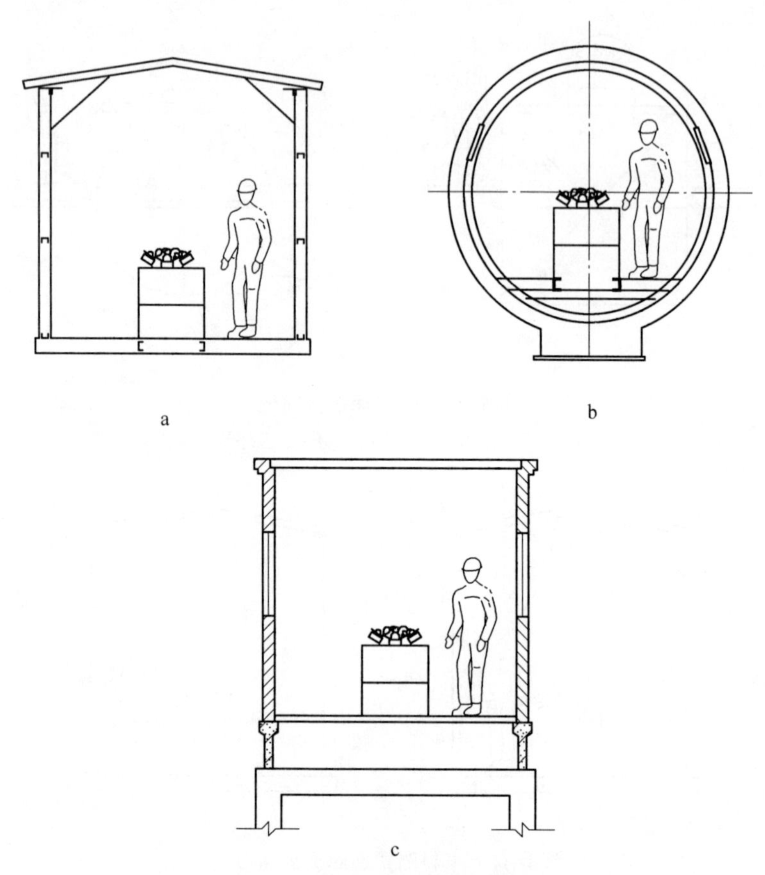

图 4-12　封闭式通廊横截面形式

a—格构式；b—圆管式；c—砖混式

纵向竖直桁架的设计应符合下列规定：

（1）可用等截面平行弦桁架（如图 4-13a 所示），特殊情况下亦可采用变截面桁架（如图 4-13b、c 所示）或折线形桁架（如图 4-13d 所示）。

（2）桁架的计算高度可取跨度的 1/10～1/14，半封闭式和封闭式通廊桁架的高度不得小于 2.2m。

（3）桁架的节间长度应根据通廊的高度和宽度综合考虑确定，竖杆与斜杆相交的夹角宜在 35°～55°之间。

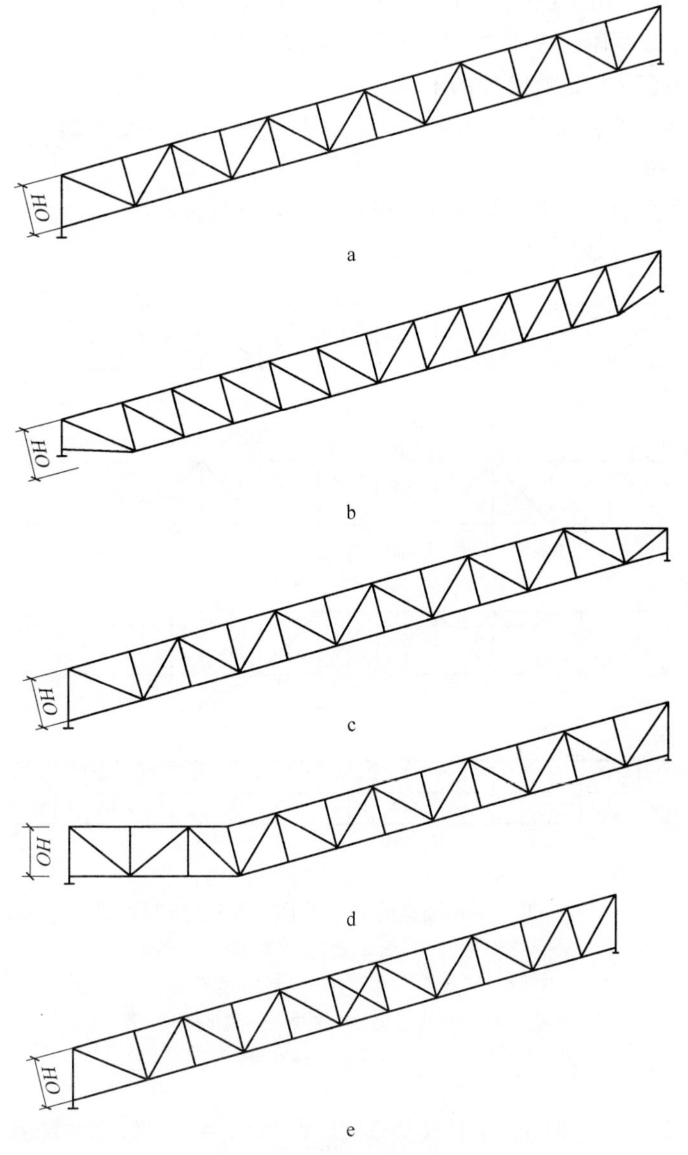

图 4-13 通廊竖直桁架形式

a—人字形腹杆桁架；b—上升式腹杆桁架；c—变截面桁架；
d—折线形桁架；e—奇数节间桁架

(4) 跨度小于等于12m的桁架可不分段，大于12m小于20m时可以分成两段，大于20m时可分成多段，但每段长度不宜大于12m。拼接头宜位于通廊跨度的1/3处。

(5) 当桁架节间为奇数时，中央节间宜布置交叉腹杆（如图4-13e所示）。

竖直桁架上下弦纵向支撑设置应符合下列规定：

(1) 支撑形式如图4-14所示。

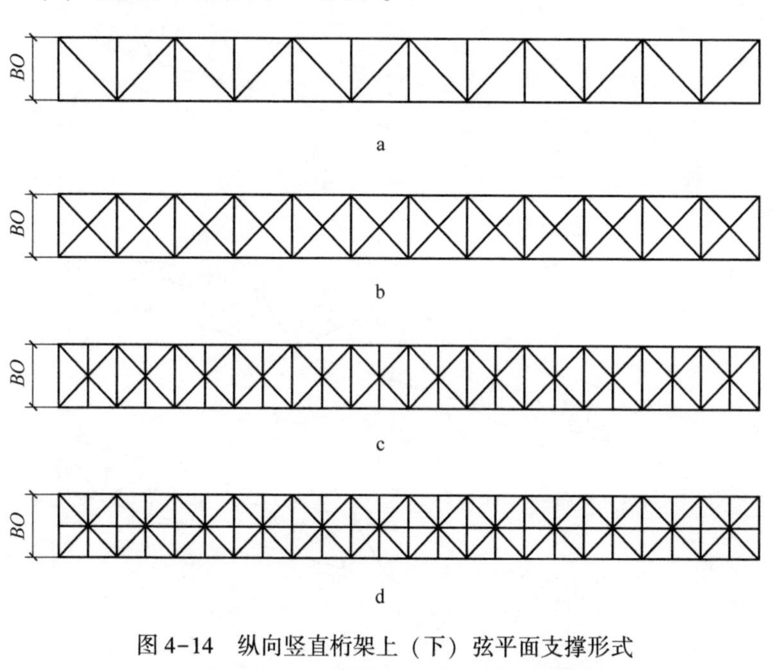

图4-14　纵向竖直桁架上（下）弦平面支撑形式

a—人字形上（下）弦支撑（适合宽度较小的通廊）；
b—交叉式上（下）弦支撑（适合常规的通廊）；
c—交叉加系杆式上（下）弦支撑（适合常规的通廊）；
d—米字形上（下）弦支撑（适合宽度较大的通廊）

(2) 竖直桁架的上（下）弦平面内各节间均应设置纵向支撑。

(3) 横梁与竖直桁架下弦杆平接时，满铺混凝土板或钢板，且板和梁与弦杆之间采用焊接时，可不设下弦纵向支撑。

(4) 图 4-14a 型支撑适合宽度较小的通廊，图 4-14d 型支撑适合宽度较大的通廊。

多条胶带机并行的通廊，宜根据工艺要求、荷载情况和场地条件设置多榀桁架，其上下弦应设置封闭支撑。

钢筋混凝土结构通廊的跨间结构采用钢筋混凝土梁、钢筋混凝土地板和屋面板。墙采用加气混凝土砌块或加气混凝土板。

廊身也可采用大型钢管（管式通廊）、工字钢为主要承重构件。

通廊支架：支架分为单片支架和固定支架。其设置应根据相邻两建筑（构筑）物之间的通廊长度、结构形式和温度区段确定，并符合下列规定：

(1) 敞开和半封闭式廊身长度小于或等于 120m、封闭式廊身长度小于或等于 180m，且其中一端固定于转运站等建筑（构筑）物上面时，可只设单片支架不设固定支架。

(2) 敞开和半封闭式廊身大于 120m 且小于等于 240m、封闭式廊身长度大于 180m，且小于或等于 360m 时，可设置一个或两个固定支架。

(3) 通廊长度超过第 (2) 条规定时可适当增加固定支架。

支架的结构形式是根据通廊的需要确定的，可采用平腹杆或交叉斜腹杆的结构形式，如图 4-15 和图 4-16 所示。钢筋混凝土结构通廊采用钢筋混凝土支架。钢结构通廊采用钢支架。

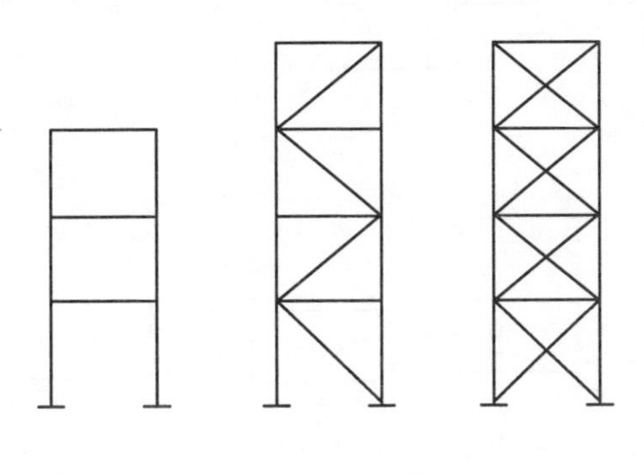

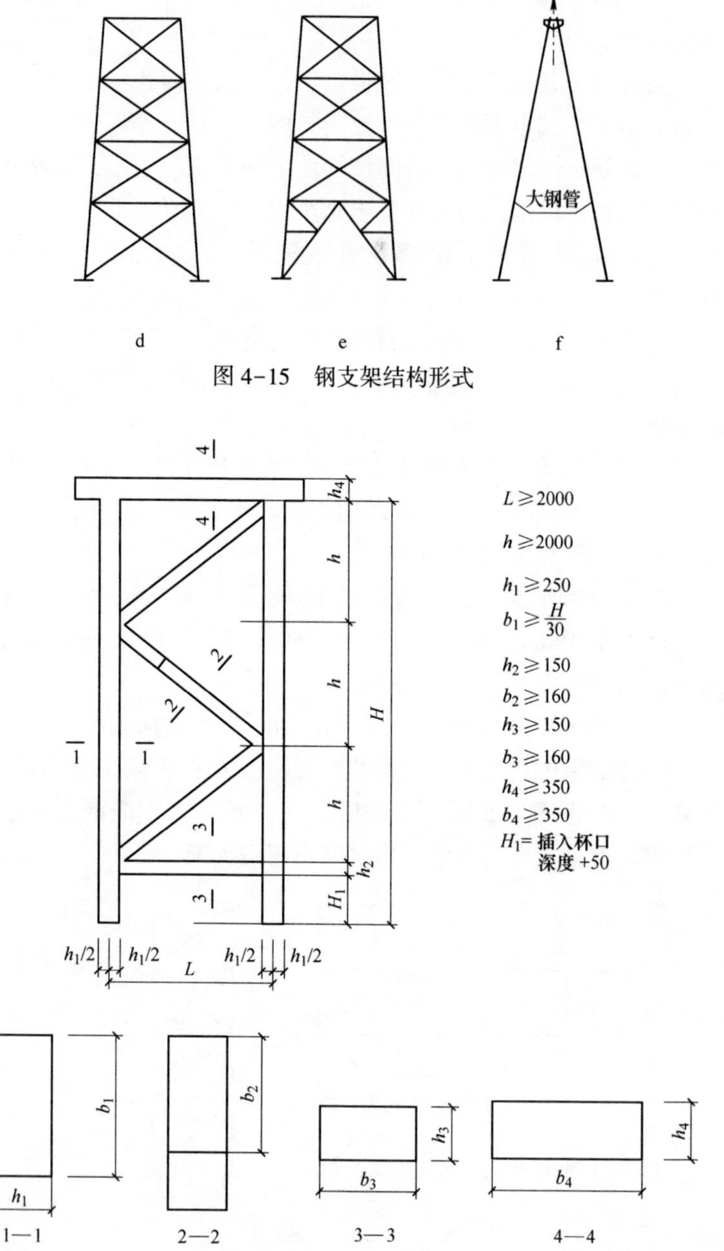
大钢管
d
e
f
图 4-15　钢支架结构形式
L ⩾ 2000
h ⩾ 2000
h1 ⩾ 250
b1 ⩾ H/30
h2 ⩾ 150
b2 ⩾ 160
h3 ⩾ 150
b3 ⩾ 160
h4 ⩾ 350
b4 ⩾ 350
H1= 插入杯口
深度 +50
h1/2
L
1—1
2—2
3—3
4—4
a

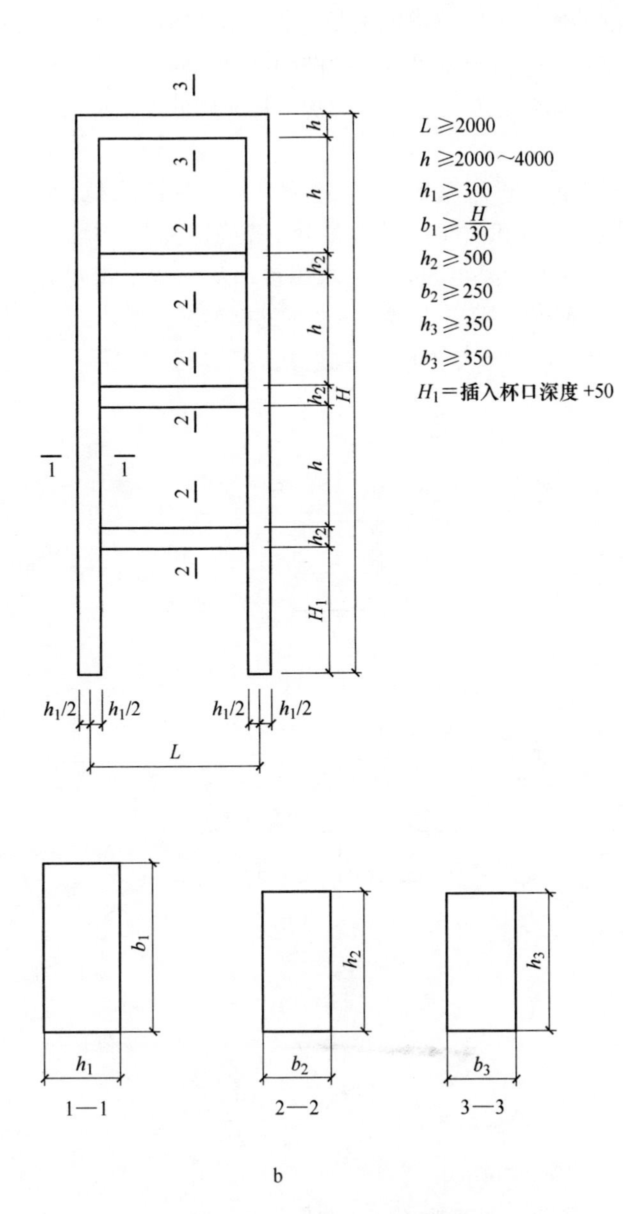

图 4-16 混凝土支架形式

a—斜腹杆支架形式；b—平腹杆支架形式

高大的通廊可采用单根或两根大钢管作支架，如图 4-15f 所示。人字形的钢管支架由于钢管各方向的刚度是一样的，不需设腹杆。如宝钢、承钢的高炉通廊、首钢三焦炉上煤通廊的支架都采用不设腹杆大钢管支架。

支架顶部的宽度应满足通廊支座的需要，底部的宽度应根据支架的高度、竖向荷载和横向荷载的大小计算确定，宜取其高度的 1/4～1/8。支架高度小于等于 8m 时宜采用顶部底部宽度相同的形式。支架高度大于 8m 时宜采用顶部窄底部宽的梯形结构形式。

支架的抗倾覆按式（4-1）验算，支架的结构形式如图 4-17 所示。

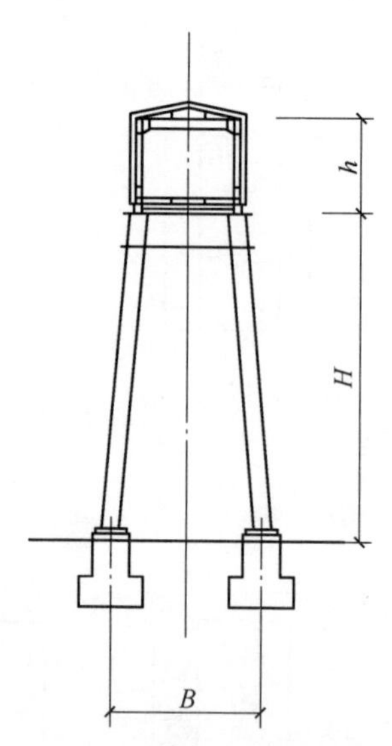

图 4-17　支架的结构形式

$$B = \frac{2\gamma\omega_K\left(H + \frac{h}{2}\right)}{0.9(G_D + G_Z + 2G_J)} \tag{4-1}$$

式中　B——支架宽度；

γ——荷载分项系数，风荷载取 1.4，地震荷载取 1.3；

ω_K——风或地震作用的水平荷载标准值；

G_D——支架顶部垂直静荷载标准值；

G_Z——支架自重荷载标准值；

G_J——支架轴线一侧基础及其上部土重标准值，浸没于地下水中的基础和土体应取浮容重。

5 结构分析和杆件设计

5.1 结构分析

通廊结构作用效应宜用弹性理论进行分析。

廊身与地下通廊、支墩、支架、转运站或厂房等建筑物间的链接可假定为固定铰或滑（滚）动铰支座。

杆件布置不规则或荷载复杂的通廊，宜采用空间分析方法计算整体作用效应。可将廊身和支架合在一起或分别建立模型分析。

杆件布置规则的廊身，可将其简化为纵向竖直桁架和横向桁架计算平面作用效应。并叠加竖向和横向荷载对共用杆件产生的作用效应。

除采用空间分析方法外，简单支架也可简化为不完全铰接的平面杆件体系计算作用效应。

对桁架结构进行计算时，假定竖直桁架所有杆件轴线在同一平面上交于一点，按理想铰接节点处理；弦杆与腹杆在节点处完全铰接（如图 5-1a 所示）或弦杆为连续梁但在节点处腹杆与其铰接（如图 5-1b 所示）弦杆有集中荷载或均布荷载作用时，宜采用图 5-1b 的计算简图，其他情况则可采用图 5-1a 的计算简图。

廊身变形应符合下列规定：

（1）按永久和可变荷载标准值计算的最大竖向挠度值，应小于或等于廊身跨度的 1/500。

（2）按可变荷载标准值计算的最大横向挠度值，应小于或等于廊身跨度的 1/400。

（3）廊身支座位移不应影响胶带机正常运行。

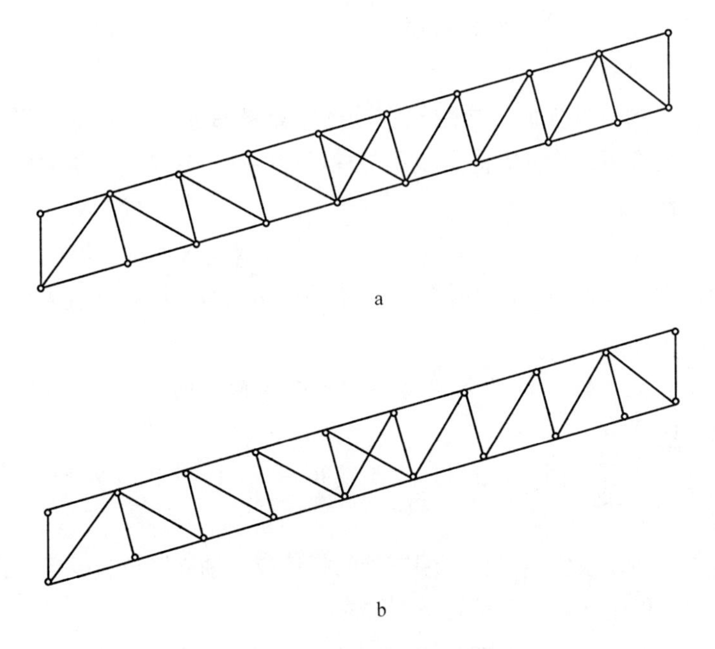

图 5-1 竖直桁架计算简图

a—弦杆与腹杆在节点处完全铰接；b—弦杆为连续梁，腹杆与弦杆铰接

通廊支架顶部位移应符合下列规定：

(1) 按可变荷载或地震作用标准值计算的支架最大横向位移值，应小于或等于其高度的 1/350。

(2) 固定支架纵向位移值应小于或等于其高度的 1/500，并与温度区段伸缩缝或抗震缝相适应。

5.2 杆件设计

钢桁架式结构通廊的杆件在截面积相等的前提下，应优先选用截面模量和回转半径较大者，且应符合下列要求：

(1) 上（下）弦杆、中间竖杆、斜腹杆、支撑可选用单角钢、双角钢或单槽钢、H 型钢、圆管或矩形管。

（2）上弦的角钢肢背应朝上，下弦的角钢肢背应朝下，其肢尖宜朝通廊内侧。

（3）通廊端横向门式刚架宜选用宽翼缘 H 型钢，其截面强轴宜平行于竖直桁架跨度方向，横梁与柱子应刚接，柱子与支承通廊的支座可铰接。

（4）上（下）弦平面支撑可选用单角钢或双角钢、等边角钢组成的杆件，宜采用 T 形或十字形，不等边角钢组成的杆件宜采用长肢相连的 T 形。

（5）竖直腹杆需要支承墙梁传来的风荷载时，宜采用双角钢、槽钢、H 型钢。

（6）围护结构中的檩、墙梁可采用 C 型钢、Z 型钢、槽钢等。

无节间荷载作用时，两端铰接的杆件应按轴心受拉或受压杆件进行强度和稳定计算，并符合下列要求：

（1）单角钢杆件应按《钢结构设计规范》(GB 50017—2003) 对其强度予以折减。

（2）腹杆与弦杆不宜直接对焊，应通过节点板连接。

有节间荷载作用时，两端铰接的杆件应按拉弯或压弯进行强度和稳定计算，并应符合下列要求：

（1）利用节点板连接的竖直桁架杆件可按《钢结构设计规范》(GB 50017—2003) 的规定确定节点刚度引起的次弯矩。

（2）对 T 型截面弦杆，端节间的跨中正弯矩可近似的取该节间为单跨简支梁时最大弯矩的 80%，其他节间正弯矩和节点负弯矩可近似的取相应节间为单跨简支梁时的最大弯矩的 60%。

支架立柱宜采用钢管、槽钢、工字钢组合截面，横梁宜采用工字钢、H 型钢，交叉斜腹杆可按受拉杆件计算。

钢结构通廊杆件的计算长度应按现行国家标准《钢结构设计规范》(GB 50017) 的有关规定取值；当钢材为 Q235 时长细比不应大于表 5-1 的限值。

表 5-1 通廊杆件的长细比限值

<table>
<tr><th colspan="4" rowspan="2">类 别</th><th rowspan="2">非抗震区</th><th colspan="4">抗震设防烈度</th></tr>
<tr><th>6 度</th><th>7 度</th><th>8 度</th><th>9 度</th></tr>
<tr><td rowspan="6">廊身</td><td rowspan="4">纵向竖直桁架</td><td rowspan="2">上（下）弦杆、端斜腹杆和端竖杆</td><td>拉杆</td><td>400</td><td>350</td><td>300</td><td>250</td><td>200</td></tr>
<tr><td>压杆</td><td>200</td><td>200</td><td>150</td><td>150</td><td>120</td></tr>
<tr><td rowspan="2">直（斜）腹杆</td><td>拉杆</td><td>400</td><td>350</td><td>300</td><td>250</td><td>200</td></tr>
<tr><td>压杆</td><td>200</td><td>200</td><td>150</td><td>150</td><td>120</td></tr>
<tr><td rowspan="2">支撑</td><td colspan="2">拉杆</td><td>400</td><td>400</td><td>350</td><td>300</td><td>250</td></tr>
<tr><td colspan="2">压杆</td><td>200</td><td>200</td><td>200</td><td>200</td><td>150</td></tr>
<tr><td rowspan="4">支架</td><td colspan="3">柱子</td><td>200</td><td>150</td><td>150</td><td>120</td><td>110</td></tr>
<tr><td colspan="3">平腹杆（支撑）</td><td>200</td><td>200</td><td>150</td><td>150</td><td>120</td></tr>
<tr><td rowspan="2">斜腹杆（支撑）</td><td colspan="2">拉杆</td><td>400</td><td>350</td><td>300</td><td>250</td><td>200</td></tr>
<tr><td colspan="2">压杆</td><td>200</td><td>200</td><td>150</td><td>150</td><td>120</td></tr>
</table>

注：1. 表中所列数据适用于 Q235 钢，当为其他牌号钢材时应乘以 $\sqrt{\frac{235}{f_y}}$；

2. 廊身跨度大于或等于 60m 时，非抗震区的纵向竖直桁架上弦杆、端部受压斜杆和端竖杆长细比限值宜取 100，其他受压腹杆可取 150，纵向竖直桁架受拉下弦杆、上（下）弦平面交叉支撑和其他受拉腹杆长细比限值宜取 300；

3. 非抗震区廊身在不同荷载组合中可能受拉也可能受压的同一根杆件，若压应力小于或等于其承载力的 50%时，其长细比限值可取 200，否则长细比限值取 150；

4. 纵向竖直桁架上（下）弦平面外的计算长度，应根据其平面外实际布置的支承条件确定。

廊身交叉支撑和支架交叉腹杆（支撑）可按一根件受拉进行计算。

6　管式通廊设计

6.1　廊身的组成

管壁是管式通廊的承重和围护结构，是受压弯的构件（管梁）用薄钢板焊接而成，壁厚通过计算确定。

支座处圈型管托，用T型钢制作，通过计算确定规格。圈型管托通过弧形固定铰接支座或滑（滚）动铰接座与通廊支架相连接。

跨中加固圈，用T型钢制作，通过计算确定规格。

走道板，用$t=4.5\sim6$mm 花纹钢板制作。

窗：500×400 椭圆窗或圆窗根据采光和通风要求在廊身两侧交错设置。管式通廊示意图如图 6-1 所示。

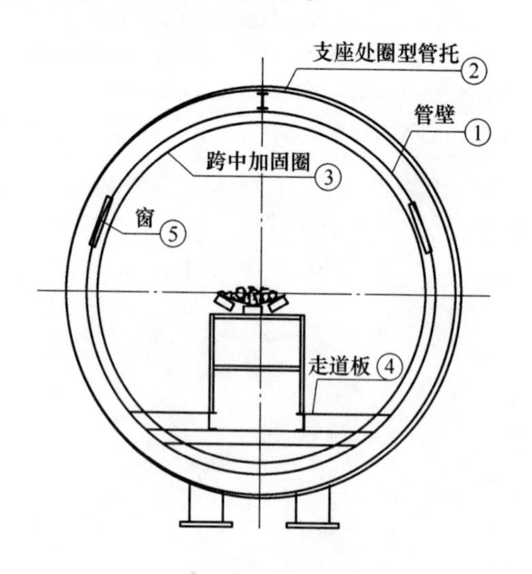

图 6-1　管式通廊示意图

6.2 结构分析

管式通廊的管壁应作为连续梁或简支梁进行结构计算。计算简图如图 6-2 所示。

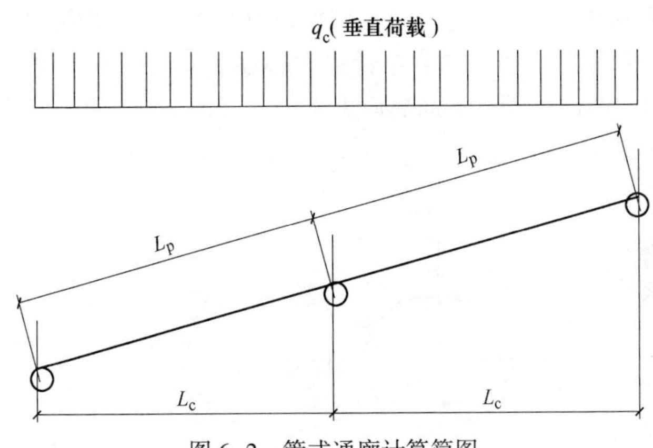

图 6-2 管式通廊计算简图

(1) 垂直荷载效应按 L_c 计算跨度。

(2) 水平荷载效应按 L_p 计算跨度。

强度计算：管式通廊的风和地震水平作用的荷载小于垂直荷载的十分之一，而管式通廊廊身的水平向抗弯刚度都不小于垂直向抗弯刚度。因此，管式通廊的廊身可不计算风和地震水平力的影响。[1]

强度计算按下列公式进行：

(1) 正应力：

$$\sigma_u = \frac{N}{A_{nj}} \pm \frac{M}{1.15W_{nj}} \leqslant f \tag{6-1}$$

式中 σ_u——管壁的拉应力或压应力，N/mm²；

N——管梁所承受的轴向力，kN；

M——管梁所承受的弯矩，kN · m；

---

[1] 前苏联的《带式输送机通廊设计手册》(建筑标准与规则 2.09.03-85) 规定管式通廊的廊身不计算风和地震水平力。

A_{nj}——计算截面处的净截面面积，mm^2；

W_{nj}——计算截面处的净截面模量，mm^3；

f——钢材的抗拉抗压抗弯强度设计值，N/mm^2。

（2）剪应力：剪应力由梁端剪力 V 产生的剪应力和由扭矩产生的剪应力构成。

梁端剪力 V 产生的剪应力：梁端剪力 V 产生的剪应力沿管梁断面呈不均匀分布，最大剪应力在管梁中心线上，如图 6-3 所示。其值为平均值的两倍，任一点的剪应力按公式（6-2）计算。最大剪应力按公式（6-3）计算。

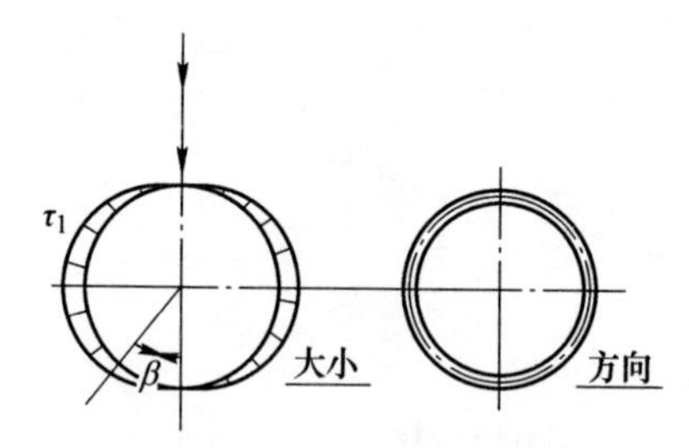

图 6-3　由 V 产生的剪应力

$$\tau_1 = \frac{V}{\pi rt}\sin\beta \tag{6-2}$$

$$\tau_{1\max} = \frac{V}{\pi rt} \tag{6-3}$$

扭矩产生的剪应力：外加荷载在管梁上布置不对称时对管梁产生扭矩，该扭矩使管梁产生剪应力，剪应力沿圆周均匀分布，沿径向呈不均匀分布，最大剪应力在管梁外壁，如图 6-4 所示。

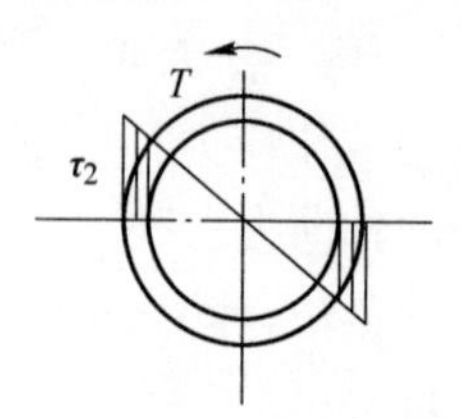

图 6-4　由 T 产生的剪应力

由扭矩 T 产生的剪应力：

$$\tau_2 = \frac{T}{2\pi r^2 t} \tag{6-4}$$

合成的剪应力为：

$$\tau = \tau_{1\max} + \tau_2 \leqslant f_v \tag{6-5}$$

式中 V——管通廊的最大剪力，kN；

T——扭矩，kN · m；

t——管壁厚度，mm；

r——钢管的中面半径，mm；

f——钢材的抗拉抗压抗弯强度设计值，N/mm²；

f_v——钢材的抗剪强度设计值，N/mm²。

稳定验算。

（1）局部稳定：当 $\frac{t}{r} \leqslant 25\frac{f_y}{E}$ 时必须验算其局部稳定。局部稳定按下式进行：

$$\sigma_u = \frac{N}{A_{nj}} \pm \frac{M}{W_{nj}} \leqslant \sigma_{cr} \tag{6-6}$$

$$\sigma_{cr} = 0.333 \times \frac{Et}{d} \tag{6-7}$$

式中 d——管外直径，mm；

t——管壁厚，mm；

σ_{cr}——管壁局部稳定的临界应力值，N/mm²；

E——钢材的弹性模量，N/mm²；

f_y——钢材的屈服强度，N/mm²。

（2）整体稳定：由于管式通廊的断面面积都比较大，轴向压力 N 与欧拉临界力 N_E 相比一般都非常小。故可简化计算如下：

$$\sigma_u = \frac{N}{\varphi A} + \frac{M}{1.1W} \leqslant f \tag{6-8}$$

式中 N——所计算构件段范围内的轴心压力，kN；

M——有垂直荷载产生的弯矩最大值，kN · m；

A——管梁的毛截面面积，mm²；

W——管梁的毛截面模量，mm³；

φ——轴心受压构件的稳定系数，可按附录表 E 取用。每跨管梁可分别计算，各取其斜长（L_p）。

挠度计算：管廊结构在垂直荷载作用下的挠度按梁进行计算，计算连续梁的挠度时应考虑活荷载的不利组合。

6.3　管托设计

管托的作用和形式：管托的作用是将通廊的支座反力传递到管梁上。

（1）鞍型管托（这种形式适合口径较小的管梁）。

（2）圈型管托（这种形式适合口径较大的管梁）。

鞍型管托设计：鞍型管托的基本尺寸，由管梁的直径及荷载（即是支座反力 R）所决定。

（1）管托处管壁压应力及管托宽度的计算：鞍型管托的基本构造和受力如图 6-5 所示。

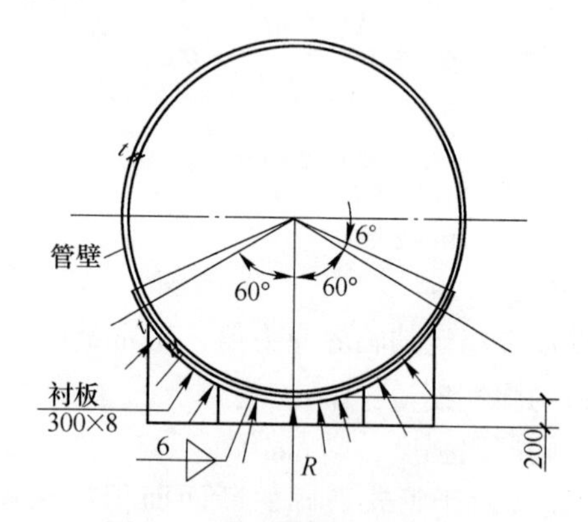

图 6-5　鞍型管托构造和受力

鞍型管托的反力指向管心，在管托所接触的范围内，管壁受着压应力，最大压应力在管梁的最低处。管壁的有效范围为管托两侧各 $0.78\sqrt{r_n t}$ 处，管壁和管托衬板的压应力按下式计算：

$$\sigma_{ZW} = \frac{0.76R}{(t + t_1)(b + 1.56\sqrt{r_n t})} \leqslant f \tag{6-9}$$

鞍型管托衬板宽度 b 按公式（6–10）计算。

$$b=\frac{0.76R}{(t+t_1)f}-1.56\sqrt{r_n t} \tag{6-10}$$

式中 R——通廊的支座反力，kN；

t——通廊管梁的壁厚，mm；

t_1——管托衬板的厚度，mm；

r_n——通廊管梁的内半径，mm；

b——管托衬板的宽度，mm；

f——钢材的抗压强度设计值，N/mm^2。

（2）管托处管壁的弯曲应力及加固圈设置的界限。鞍型管托的反力对管壁产生的周向弯矩，在管托边角处最大。管梁能抵抗周向弯矩的长度为管梁半径的 4 倍，周向弯矩与荷载及管径有关。

周向（环向）弯曲应力按下式计算：

$$\sigma_u=\frac{0.159R}{2(t+t_1)^2}\leqslant f \tag{6-11}$$

如果算得的 $\sigma_u=\dfrac{0.159R}{2(t+t_1)^2}>f$ 则必须设置加固圈。

（3）管托上加固圈的设计：管托上加固圈的设计，保证管托处管壁的周向弯曲应力不超过钢材的抗压强度设计值。管托上加固圈应设置在管托中心上。管托边角处的管壁受拉应力，加固圈顶部受压应力。与加固圈共同工作的管壁有效长度为管壁厚度的 30 倍。其计算面积如图 6–6 所示。

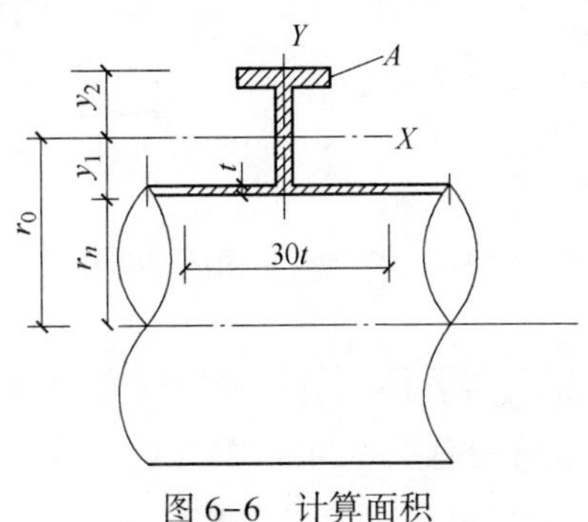

图 6–6 计算面积

管壁的拉应力按公式（6-12）计算。

$$\sigma_u = \frac{0.053Rr_0}{W_1} - \frac{0.056R}{A} \leqslant f \tag{6-12}$$

加固圈顶的压应力按公式（6-13）计算。

$$\sigma_u = \frac{0.053Rr_0}{W_2} + \frac{0.056R}{A} \leqslant f \tag{6-13}$$

式中　r_0——加固圈中性轴到管中心的距离，mm；

W——加固圈的截面模量（mm^3）计算管壁应力时用 W_1，计算加固圈顶应力时用 W_2；

R——通廊的支座反力，kN；

A——加固圈的计算面积，mm^2；

f——钢材的抗拉抗压抗弯强度设计值，N/mm^2。

圈型管托设计：

（1）圈型管托的构造如图 6-7 和图 6-8 所示。

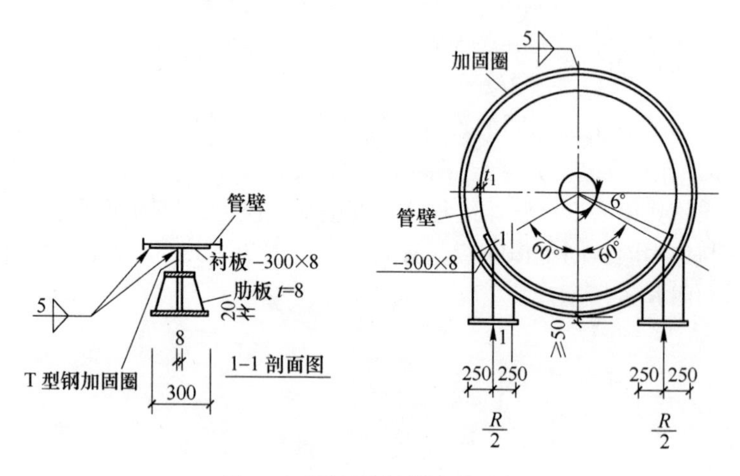

图 6-7　圈型管托构造和受力

（2）圈型管托的计算：圈型管托的周向弯矩与支承夹角（取 2×60°）、荷载（R）及管径有关。与加固圈共同作用的管壁有效长度为管壁厚度的 30 倍。其计算面积如图 6-8 所示。

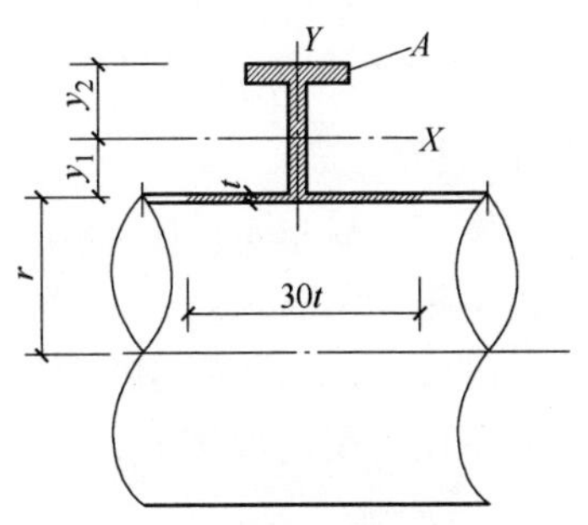

图 6-8 圈型管托构造

周向（环向）弯曲应力：

$$\sigma_{ZW} = \frac{0.035Rr}{W_x} \leqslant f \tag{6-14}$$

式中 r——管梁的中面半径，mm；

R——通廊的支座反力，kN；

W_x——加固圈的截面模量，mm^3；

f——钢材的抗拉抗压抗弯强度设计值，N/mm^2。

6.4 跨中加固圈设计

由于管通廊的直径比较大而壁厚又比较薄，为防止制作和安装过程中发生较大的变形必须设置加固圈。管自重产生的变形值 W 不应超过其外径 d 的 0.5%。如果 $W>0.005d$ 时即需要设置加固圈。管的变形如图 6-9 所示。

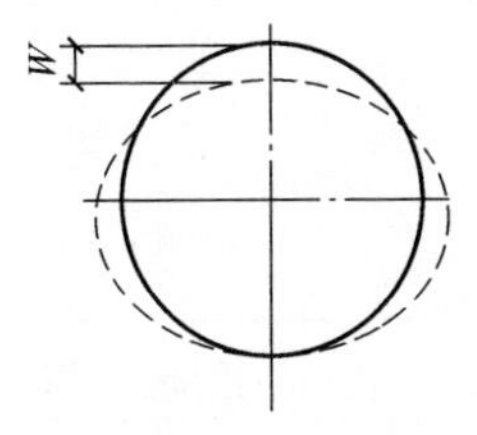

图 6-9 管的变形

变形量 W 按公式（6-15）计算：

$$W = 0.0293\frac{q_z r^3}{EI} \quad (\text{mm}) \tag{6-15}$$

式中 r——管梁的中面半径，mm；

q_z——管梁单位长度的金属重量，N/mm；

E——钢材的弹性模量，N/mm^2；

I——管梁单位长度（mm）的周向断面惯性矩（mm^4）。计算惯性矩时，采用管梁的厚度 t（mm）即单位长度的周向断面惯性矩 $I=t^3/12$（mm^4）。

根据上述原则，按公式（6-15）计算的，设置加固圈管径与壁厚的关系，见表6-1。

表6-1 设置加固圈的管径下限 *d*

管壁厚度 t/mm	5	6	7	8
d/mm	1400	1500	1700	1900

当管的直径大于表6-1中数值时，就需设置加固圈。除管梁自重引起变形设置加固圈外，当有外加荷载使管梁产生较大变形时，也需设置加固圈。根据外加荷载的大小，加固圈可取1/6~1圈。

加固圈的形式和构造：

（1）管外加固圈，如图6-10所示。这种形式加固圈适用于敞开式通廊的管梁。

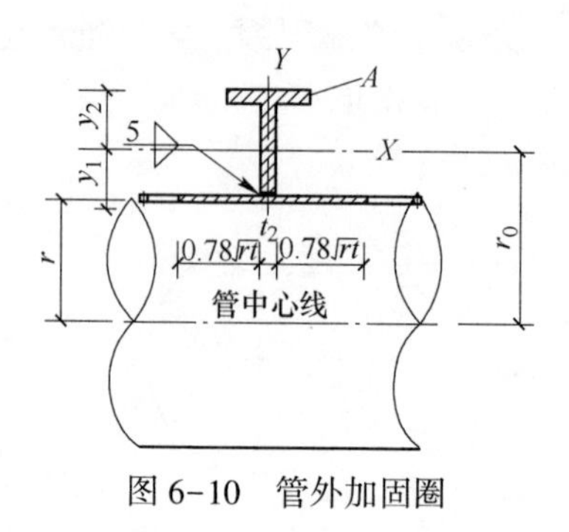

图6-10 管外加固圈

（2）管内加固圈，如图6-11所示。这种形式加固圈适用于封闭式通廊的管梁。

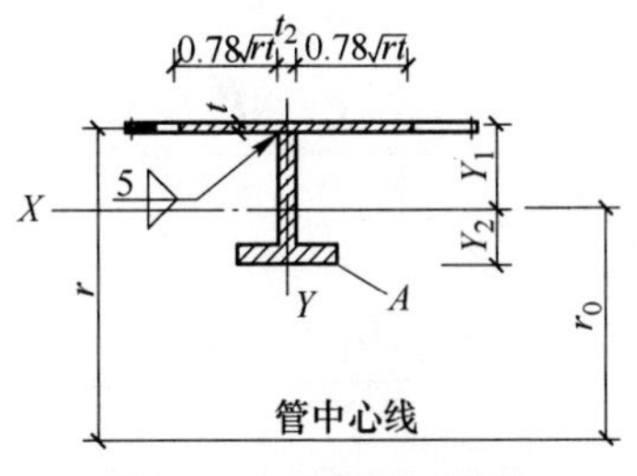

图 6-11 管内加固圈

加固圈的内力计算。加固圈的内力计算按下列方法进行：

（1）管外加固圈。外加荷载只能作用在管外加固圈上。外加荷载有径向荷载与切向荷载。根据荷载的不同形式，加固圈的不同位置的应力也不同，其周向弯矩系数 K_{ZW} 与轴向力系数 K_Z 见附表 D-3。

加固圈任意位置的应力按公式（6-16）和式（6-17）计算。

加固圈顶部的应力：

$$\sigma_u = \frac{K_{ZW}Gr_0}{W_2} - \frac{K_ZG}{A} \leqslant f \tag{6-16}$$

管壁的应力：

$$\sigma_u = -\frac{K_{ZW}Gr_0}{W_1} - \frac{K_ZG}{A} \leqslant f \tag{6-17}$$

式中 r_0——加固圈中性轴到管中心的距离，mm；

K_{ZW}——周向弯矩系数，按附表 D-3 取用，对管式通廊取 -0.239；

K_Z——轴向力系数，按附表 D-3 取用，对管式通廊取 0.261；

G——加固圈所承受的荷载（包括外加荷载及加固圈所承受的管梁自重）；

W_2——加固圈对顶部的截面模量，mm³；

W_1——加固圈对管壁的截面模量，mm³；

A——加固圈的计算面积，mm²；

f——钢材的抗拉抗压抗弯强度设计值，N/mm²。

（2）管内加固圈。管内加固圈是为防止自重引起过大变形和传递胶带机支腿荷载及走道板荷载而设置的构件，把管梁自重视为径向外加荷载。忽略胶带机支腿荷载及走道板荷载。按公式（6-18）及式（6-19）计算。

管壁的应力：

$$\sigma_u = \frac{K_{ZW}G_Z r_0}{W_1} - \frac{K_Z G_Z}{A} \leqslant f \tag{6-18}$$

加固圈顶部的应力：

$$\sigma_u = -\frac{K_{ZW}G_Z r_0}{W_2} - \frac{K_Z G_Z}{A} \leqslant f \tag{6-19}$$

式中　K_{ZW}——周向弯矩系数，按附表 D-3 取-0.239；

K_Z——轴向力系数，按附表 D-3 取 0.261；

G_Z——加固圈所承受的管梁自重荷载。

加固圈的间距按公式（6-20）计算。

$$L = \frac{750W_2}{r_0 q_x} \quad (\mathrm{m}) \tag{6-20}$$

式中　r_0——加固圈中性轴到管中心的距离，mm；

q_x——钢管每米的重量，N/m；

W_2——加固圈对顶部的截面模量，mm^3。

考虑到制作、运输的要求，加固圈的最大间距不能超过 10r 亦不宜超过 6m。另外，要考虑胶带机支腿的位置及走道板纵梁的跨度，一般以 3~4m 为宜。

6.5　管壁的焊接要求

管壁是由钢板对焊拼接的，纵横两个方向的焊缝宜成 T 字形如图 6-12 所示。

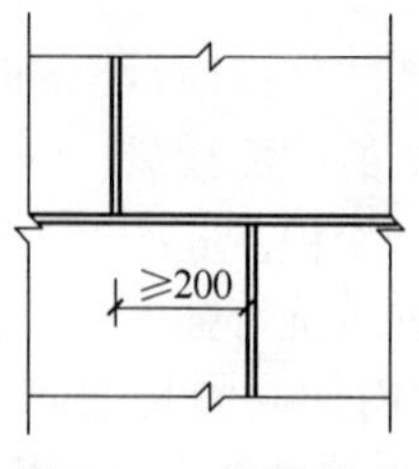

图 6-12　焊缝形式

焊缝质量不应低于 2 级。

7 构造要求

7.1 支座设计

通廊支座宜采用铰接形式，如固定铰接式或滑（滚）动铰接支座。每个温度区段均应设置固定铰接支座，通廊的纵向力全部由固定铰接支座传递。固定支架上必须设置固定铰接支座。滑（滚）动铰接支座设在与转运站等构筑物相接的变形缝处。

支座的构造应符合下列要求：

(1) 计算假定应符合实际情况：连接应对称避免产生偏心弯矩；横向应为固定铰，纵向可为固定铰或滑（滚）动铰。

(2) 支座下部为钢结构支架时，宜将支座直接放在支架柱子顶部，如放在支架横梁上翼缘时，则横梁腹板应设肋板以防止横梁扭转；下部为钢筋混凝土结构时，通廊支座板应有足够的面积将荷载传递给混凝土，其厚度应根据支座反力计算确定。

(3) 滑（滚）动铰接支座应有防止其滑落的安全措施，且能阻挡落料和灰尘进入，与滑（滚）动摩擦面接触的钢板应刨平。

(4) 连接螺栓应计算确定，可采用 C 级粗制螺栓，但构造螺栓不宜小于 M24mm。

固定铰接支座应能够传递纵向和横向水平力，与下部结构的连接应采用永久螺栓、永久螺栓加现场焊缝的形式，如图 7-1 所示。

这种支座只能用于跨度较小的工程，对于跨度较大的工程应采用弧形支座或板式橡胶支座。

滑动铰接支座的摩擦副可采用聚四氟乙烯板、普通钢板或不锈钢板，单向滑动支座如图 7-2 所示。其下摩擦板应与支承结构焊接，上摩擦板开长孔，孔的长度应根据温度变形及地震作用下结构沿纵向的位移值确定。

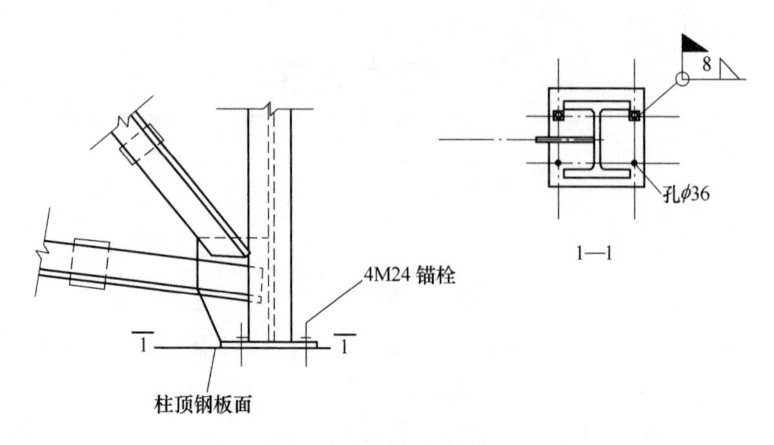

图 7-1　平板型固定铰接支座

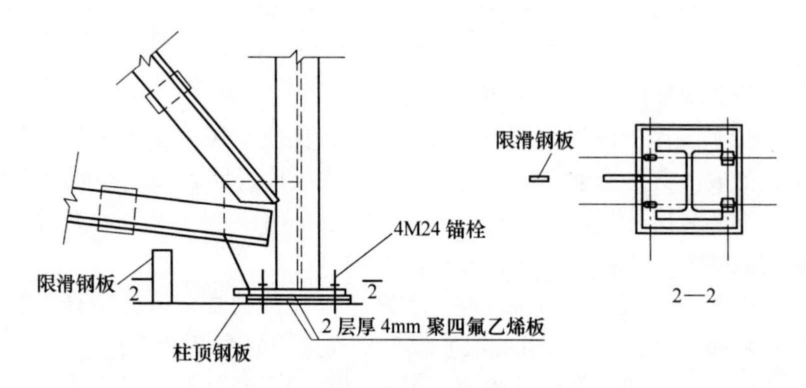

图 7-2　滑动铰接支座

单向滚动支座的辊轴可用单辊、双辊或多辊，如图 7-3 所示。侧面应设挡板。辊轴直径、长度和数量应根据支座反力，按公式（7-1）计算确定，且构造应符合下列要求：

（1）辊轴及上下摩擦板宜采用 Q345 号钢或强度更高的钢材。

（2）辊轴的行程应根据伸缩缝或抗震缝的宽度确定。

（3）同一个单片支架上不得设置两组滚（滑）动铰接支座。

（4）应明确制作、安装和维护的具体要求。

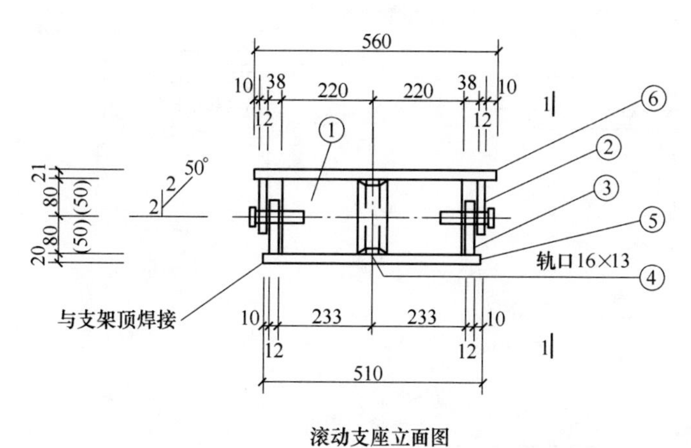
560
10 38 220 220 38 10
12 12
1 1
6 2 3 5 4
50°
2 2
21 80 20 80 20
(50)(50)
轨口16×13
与支架顶焊接
10 233 233 10
12 12
510

滚动支座立面图

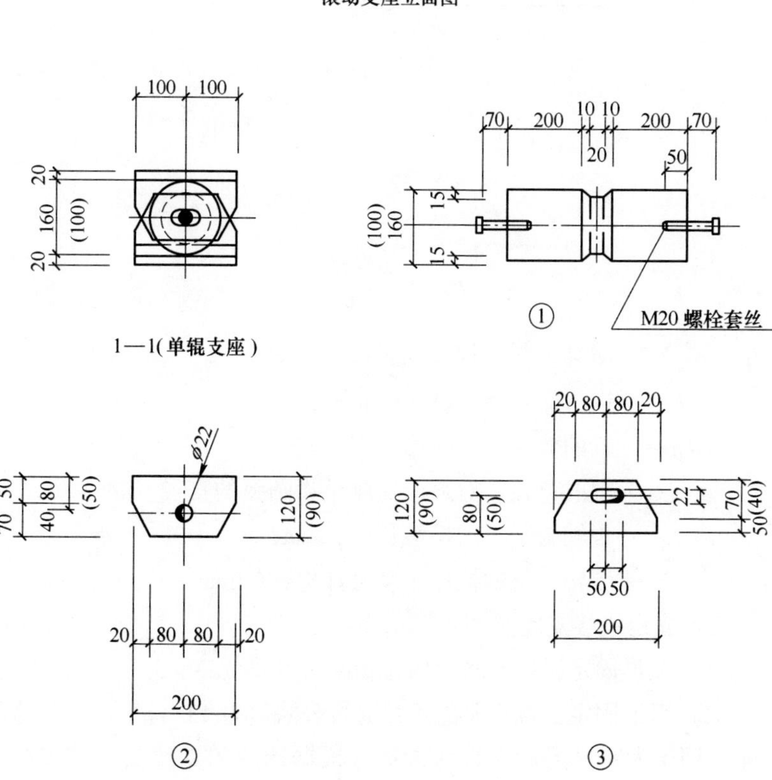
100 100
20 160 20
(100)
1—1(单辊支座)
70 200 10 10 200 70
20
50
15 15
(100) 160
M20 螺栓套丝
1
ϕ22
50 70 80 40 (50)
120 (90)
20 80 80 20
200
2
20 80 80 20
120 (90)
80 (50)
22
70 50(40)
50 50
200
3

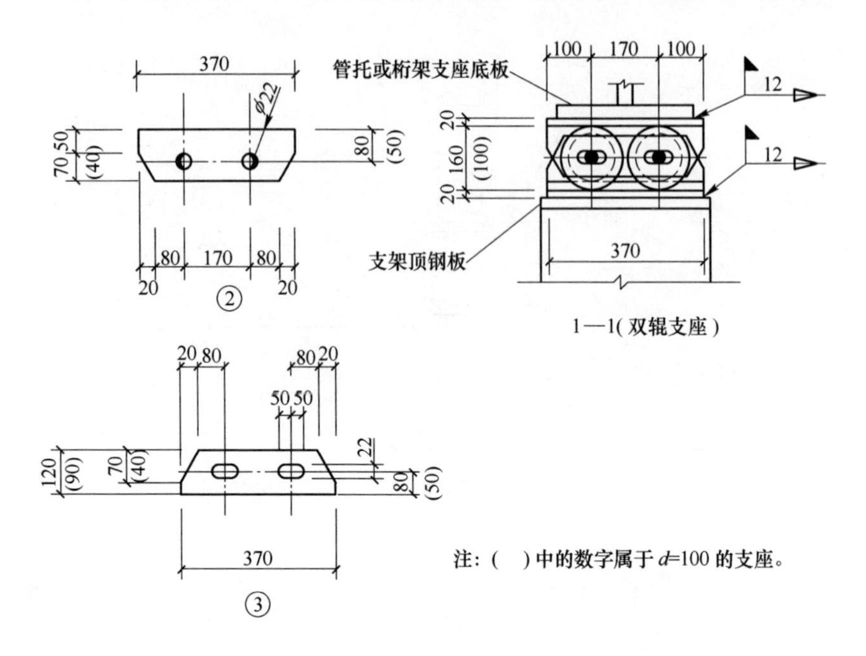

图 7-3　滚动铰接支座

$$R_{GD} \leqslant \frac{40ndLf^2}{E} \tag{7-1}$$

式中　R_{GD}——滚动或弧形铰接支座反力，kN；

E——钢材的弹性模量，N/mm^2；

n——辊的数目，对弧形支座 $n=1$；

d——辊的直径，对弧形支座是指圆弧的直径，mm；

L——辊轴与平板的接触长度，mm；

f——辊轴钢材的抗压强度设计值，N/mm^2。

弧形固定铰接支座。

(1) 弧形固定铰接支座的构造如图 7-4 所示。

(2) 弧形固定铰接支座的承载力按公式（7-1）计算确定。这种支座适用于大跨度通廊。设计人员可根据通廊的支座反力按表 7-1 选用适合的支座。

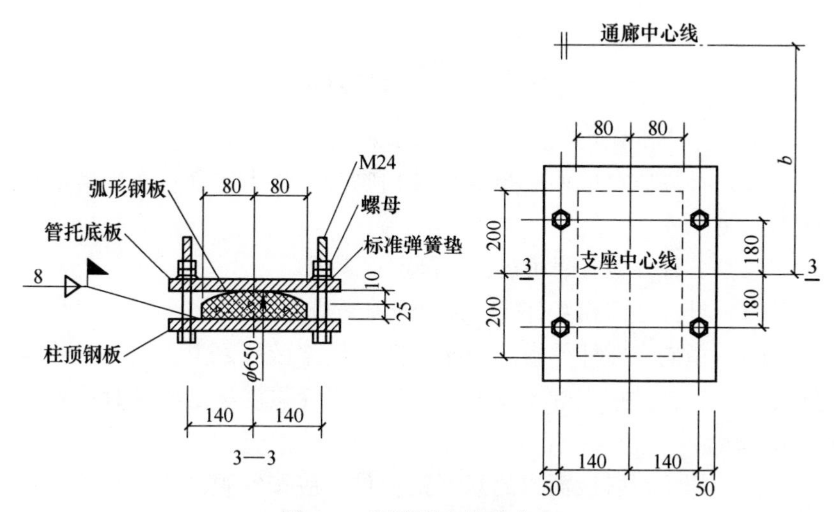

图 7-4　弧形固定铰接支座

表 7-1　滚动与弧形铰接支座辊轴承载力选用表

辊轴类型及直径/mm	辊轴接触面长度/mm	承载力设计值/kN	
		Q235 钢	Q345 钢
单轴 $d=100$	200	147	294
	400	295	587
单轴 $d=160$	200	179	372
	400	358	744
双轴 $d=100$	200	295	587
	400	590	1174
双轴 $d=160$	200	359	745
	400	718	1490
$d=650$ 弧形支座	200	950	1900
	400	1900	3800

地震区支承于建（构）筑物的端跨通廊宜采用滑（滚）动支座。

7.2　杆件和节点

通廊杆件和节点构造应符合下列规定：

(1) 计算假定模型应与实际结构吻合，受力明确、连接简单和施工方便。

(2) 各杆件应等强拼接，连接点宜满焊。

(3) 杆件之间相互直接焊接时应避免应力集中。

(4) 横向支撑杆件搭接焊接于竖向桁架弦杆之上，或支架的腹杆（支撑）杆件搭接焊于支架柱上时，焊缝强度满足要求时可不设置节点板。

(5) 用填板联接而成的双型钢杆件，应按实腹式构件计算，但填板之间的距离应符合下列要求：受拉构件不应超过 $80i$（i 为平行于填板轴单型钢的回转半径），受压杆件不应超过 $40i$。

(6) 受压杆件两侧支承点之间的填板数量不得少于两个。

通廊支架构造应符合下列要求：

(1) 高度小于等于 10m 时，立柱可采用槽钢或工字钢，大于 10m 时可采用 H 型钢。固定支架柱子可采用圆管或单角钢。

(2) 立柱断面高度小于 600mm，并在腹杆（支撑）节点板处的柱子截面上设置横向加劲肋时，可采用单片支撑（腹杆），大于 600mm 时宜设置双片支撑（腹杆）。

(3) 高度小于 12m 时可整体制作支架；大于 12m 时可分段制作，但每段长度不宜大于 12m，且要等强度连接。

(4) 固定支架顶面，应设置水平支撑。高度较高的固定支架除顶面设置水平支撑外，中间每隔三个节间设一道水平支撑。

(5) 廊身支座下的支架横梁宜采用 H 型钢且横梁与柱子刚接。

支架柱脚与基础的连接应符合下列规定：

(1) 基础混凝强度等级不宜低于 C25，地脚锚栓中心至基础边缘的距离不得小于 4 倍地脚锚栓直径和 150mm。

(2) 非地震区、6 度和 7 度地震区可采用外露式柱脚或插入式柱脚。插入深度不宜小于 500mm、单只截面高度（或外径）的 1.5 倍和柱子吊装长度的 1/20。

（3）采用外露式柱脚时，柱脚水平剪应由抗剪键承担或由底板与基础之间的摩擦力平衡，不得利用锚栓抗剪。地脚锚栓直径应根据受力大小计算确定。

1）对于矩形柱脚，每个地脚锚栓的最大拉力可按下式计算：

$$P_{\max} = \frac{M}{nh} - \frac{N}{2n} \tag{7-2}$$

式中 $P_{\max}$——每个地脚锚栓的最大拉力，kN；

N——与弯矩相应的轴向力设计值，kN；

M——支架单柱底部最大弯矩设计值，kN · m；

h——与 M 作用方向一致的地脚锚栓之间的距离，m，如图 7-5 所示；

n——与 M 作用方向垂直的，每侧地脚锚栓的个数。

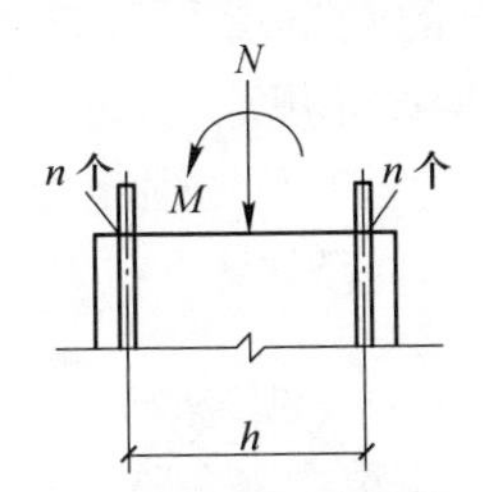

图 7-5 地脚锚栓之间的距离

2）对于直径较大的圆管柱柱脚，地脚锚栓的最大拉力按下式计算：

$$P_{\max} = \frac{4M}{d} - \frac{N}{n} \tag{7-3}$$

式中 $P_{\max}$——每个地脚锚栓的最大拉力，kN；

d——地脚锚栓所在圆直径，m，如图 7-6 所示；

N——与弯矩相应的轴向力设计值，kN；

M——支架单柱底部最大弯矩设计值，kN · m；

n——一周地脚锚栓的个数。

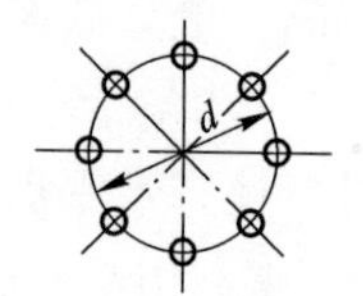

图 7-6　地脚锚栓所在圆直径

3）大型圆管柱底座基础局部压应力可按下式计算：

$$\sigma_{cb}=\frac{G}{A}+\frac{M}{W}\leqslant 0.675\beta_L f_c \tag{7-4}$$

式中　σ_{cb}——钢管柱底座处在荷载设计值作用下，混凝土基础所承受的局部压应力，N/mm^2；

G——钢管柱底座处的轴向压力，kN；

A——钢管柱底座与混凝土基础接触面的面积，mm^2；

M——钢管柱底座处的弯矩值，kN · m；

W——钢管柱底座与混凝土基础接触面的截面模量，mm^3；

β_L——基础混凝土的局部受压强度提高系数，按国家标准《混凝土结构设计规范》(GB 50010）确定；

f_c——基础混凝土的轴心抗压强度设计值。

大型圆管柱底座所在圆直径如图 7-7 所示。

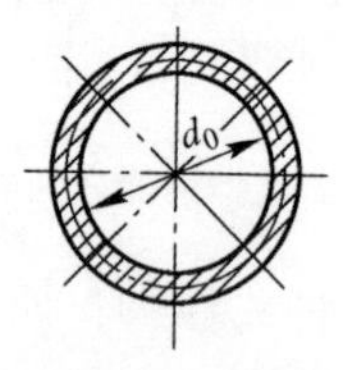

图 7-7　大型圆管柱底座所在圆直径

（4）地震区支架的柱脚应按 8.3 节柱脚设计的要求执行。

8 抗震设计

8.1 一般规定

通廊廊身的结构应符合下列规定：

（1）地上通廊有围护结构时，应采用轻质板材或轻质填充墙。

（2）地上通廊顶板宜采用轻型构件，底板可采用钢板、预制混凝土板或压型钢板现浇钢筋混凝土组合板。

（3）地下通廊宜采用钢筋混凝土结构。

通廊跨间承重结构可采用钢筋混凝土结构或钢结构。

（1）跨间承重结构跨度为 15～18m 时可采用预应力混凝土梁、钢梁或钢桁架。

（2）跨度大于 18m 时宜采用钢梁、钢桁架、钢管梁结构。

通廊的支承结构应符合下列规定：

（1）应采用钢筋混凝土结构或钢结构。

（2）支承结构的横向侧移刚度沿通廊纵向宜均匀变化。

（3）同一通廊的支承结构宜采用相同材料。

（4）纵向每一计算单元必须有抗纵向侧移的支承结构。

通廊的端部与相邻建（构）筑物之间，7 度时宜设防震缝，8 度和 9 度时应设防震缝。

通廊防震缝的设置应符合下列规定：

（1）钢筋混凝土支承结构通廊，两端与建（构）筑物脱开或一端脱开另一端在建（构）筑物上且为滑（滚）动支座时，其与建（构）筑物之间的防震缝最小宽度，当邻接处通廊屋面高度不大于 15m 时可采用 70mm；当高度大于 15m 时 6°～9°相应每增加高度 5m、4m、3m、2m，防震缝宜再加宽 20mm。

钢支承结构的通廊，防震缝最小宽度可采用钢筋混凝土支承结构通廊的防震缝最小宽度的 1.5 倍。

（2）一端落地的通廊，落地端与建（构）筑物之间的防震缝最小宽度不应小于 50mm；另一端防震缝最小宽度不宜小于第（1）条规定宽度的 1/2 加 20mm。

（3）通廊中部设置防震缝时，防震缝的两侧均应设置支承结构，防震缝的宽度可按第（1）条的规定采用。

（4）当地下通廊设置防震缝时，宜设置在地下通廊转折处或变截面处以及地下通廊与地上通廊或建（构）筑物的连接处；地下通廊的防震缝宽度不应小于 50mm。

（5）地下通廊与地上通廊之间的防震缝宜在地下通廊地板高出地面不小于 500mm 处设置。

（6）有防水要求的地下通廊，在防震缝处应采用变形能力良好的止水构造措施。

8.2　计算要点

通廊结构应按多遇地震确定地震影响系数，并进行水平地震作用效应计算。钢通廊支承结构通廊应计入重力二阶效应的影响。

（1）水平地震作用：通廊的地震影响系数应根据烈度、场地类别、设计地震分组和结构自振周期以及阻尼比确定。其水平地震影响系数最大值 α_{max} 按表 8-1 采用。

表 8-1　水平地震影响系数最大值 α_{max}

地震影响	6°	7°	8°	9°
多遇地震	0.04	0.08（0.12）	0.16（0.24）	0.32
罕遇地震	0.28	0.50（0.72）	0.90（1.20）	1.40

注：括号中数值分别用于设计基本地震加速度为 0.15g 和 0.30g 的地区。

（2）竖向地震作用：跨度大于 24m 桁架、梁的竖向地震作用标准值，宜取其重力荷载代表值和竖向地震作用系数的乘积；竖向地震作用系数可按表 8-2 采用。

表 8-2 竖向地震作用系数 α_{max}

结构类型	烈度	场地类别		
		Ⅰ	Ⅱ	Ⅲ、Ⅳ
钢桁架	8	可不计算（0.10）	0.08（0.12）	0.10（0.15）
	9	0.15	0.15	0.20
钢筋混凝土桁架	8	0.10（0.15）	0.13（0.19）	0.13（0.19）
	9	0.20	0.25	0.25
长悬臂梁和管通廊	8	0.10（0.15）		
	9	0.20		

注：括号内数值系设计基本地震加速度为 0.30g 的地区。

抗震设防烈度为 6°时，可不进行跨间结构（廊身）和支承（支架）结构的抗震验算，但应符合相应的抗震构造要求。

通廊廊身的抗震验算应符合下列规定：

（1）廊身结构可不进行水平地震作用的抗震验算，但均应符合相应的抗震构造要求。

（2）跨度不大于 24m 的跨间承重结构可不进行竖向地震作用的抗震验算；跨度大于 24m 的跨间承重结构，8°和 9°时应进行竖向地震作用的抗震验算。

（3）竖向地震作用应由廊身、支承结构及其连接件承受。

地下通廊可不进行抗震验算，但均应符合相应的抗震构造要求。

通廊水平地震作用的计算单元可取相应的防震缝间的区段。

通廊水平地震作用的计算宜采用下列方法：

（1）大型通廊宜采用符合通廊实际情况的空间模型进行计算。

（2）较小的通廊可采用符合结构受力特点简化方法进行计算。

通廊横向水平地震作用计算。

通廊横向水平地震作用计算简图（如图 8-1 所示）宜按下列规定确定：

（1）通廊计算单元中的支承结构可视为廊身的弹簧支座。

（2）廊身落地端和建（构）筑物上的支承端宜作为铰支座。

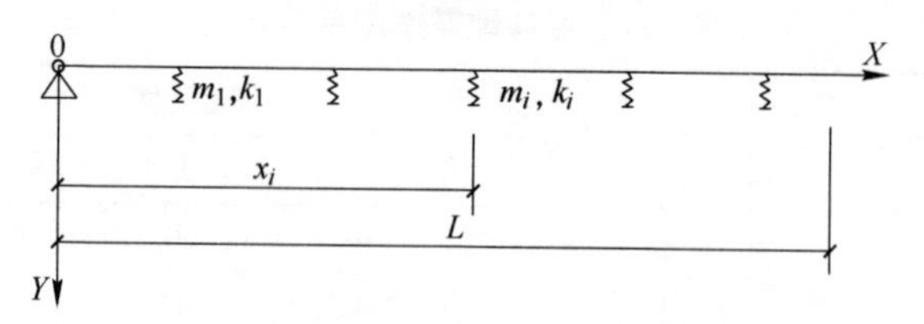

图 8-1　通廊一端铰支一端自由的横向计算

（3）廊身与建（构）筑物脱开或廊身中间被防震缝分开处宜作为自由端。

（4）计算时的坐标原点宜按下列规定确定。

1）梁端铰接时，宜取最低端；

2）一端铰支一端自由时，宜取铰支端；

3）两端自由时，宜取悬臂较短端；悬臂相等时，宜取最低端。

通廊横向水平地震作用可按下列规定计算：

（1）通廊横向自振周期可按下列公式计算：

$$T_j = 2\pi\sqrt{\frac{m_j}{K_j}} \tag{8-1}$$

$$m_j = \phi_{aj} L m_L + \frac{1}{4}\sum_{i=1}^{n} m_i Y_{ji}^2 \tag{8-2}$$

$$K_j = C_j \sum_{i=1}^{n} K_i Y_{ji}^2 \tag{8-3}$$

式中　T_j——通廊第 j 振型横向自震周期；

m_j——通廊第 j 振型广义质量；

m_i——第 i 支承结构的质量；

K_j——通廊第 j 振型广义刚度；

m_L——廊身单位水平投影长度的质量；

ϕ_{aj}——第 j 振型廊身质量系数，可按表 8-3 采用；

K_i——第 i 支承结构的横向侧移刚度；

L——廊身水平投影长度；

C_j——第 j 振型廊身刚度影响系数，可按表 8-3 采用；

Y_{ji}——第 j 振型第 i 支承结构处的水平相对位移，可按表 8-3 采用。

表 8-3 通廊横向水平地震作用计算系数

边界条件			两端简支			一端简支、一端自由		两端自由	
j			1	2	3	1	2	1	2
ϕ_{aj}			0.49	0.45	0.45	0.50	0.48	0.50	0.50
η_{aj}			0.63	0	0.21	0.61	0.26	0.67	0.35
C_j			1.00	1.40	3.00	1.00	2.50	1.00	1.00
Y_{ji}	X_i/L	0	0	0	0	0	0	0.27	1.41
		0.10	0.31	0.59	0.81	0.12	0.38	0.35	1.20
		0.13	0.38	0.71	0.88	0.15	0.48	0.37	1.15
		0.17	0.49	0.81	1.00	0.21	0.58	0.40	1.05
		0.20	0.59	0.95	0.88	0.25	0.67	0.43	0.99
		0.25	0.71	1.00	0.71	0.31	0.80	0.47	0.88
		0.30	0.81	0.95	0.28	0.37	0.86	0.51	0.78
		0.33	0.85	0.81	0	0.41	0.89	0.53	0.71
		0.38	0.92	0.71	-0.37	0.46	0.94	0.57	0.62
		0.40	0.95	0.59	-0.59	0.49	0.92	0.59	0.57
		0.50	1.00	0	-1.00	0.61	0.83	0.69	0.35
		0.60	0.95	-0.59	-0.59	0.74	0.55	0.75	0.14
		0.63	0.92	-0.71	-0.37	0.77	0.47	0.77	0.09
		0.67	0.85	0.81	0	0.82	0.32	0.80	0
		0.70	0.81	-0.95	0.28	0.86	0.19	0.83	-0.07
		0.75	0.71	-1.00	0.71	0.92	0	0.87	0.18
		0.80	0.59	-0.95	0.88	0.98	-0.28	0.91	-0.28
		0.83	0.49	-0.81	1.00	1.02	-0.47	0.94	-0.35
		0.88	0.38	-0.71	0.88	1.07	-0.71	0.97	-0.44
		0.90	0.31	-0.59	0.81	1.10	-0.85	0.99	-0.49
		1.00	0	0	0	1.23	-1.41	1.07	-0.71

注：1. 中间值可按线性内插法确定；

2. X_i 为第 i 支承结构距坐标原点的距离，η_{aj} 为第 j 振型廊身重力荷载系数。

（2）通廊第 i 支承结构顶部的横向水平地震作用标准值应按下列公式计算：

$$F_{ji} = \alpha_j \gamma_j Y_{ji} G_{ji} \tag{8-4}$$

$$\gamma_j = \frac{1}{m_i}\left(\eta_{aj} L m_L + \frac{1}{4}\sum_{i=1}^{n} m_i Y_{ji}\right) \tag{8-5}$$

$$G_{ji} = \frac{K_j\left(\eta_{aj} L m_L + \frac{1}{4}\sum_{i=1}^{n} m_i Y_{ji}\right) g}{\sum_{j=1}^{n} K_j Y_{ji}} \tag{8-6}$$

式中 F_{ji}——第 j 振型第 i 支承结构顶端的横向水平地震作用标准值；

α_j——相应于第 j 振型自震周期的地震影响系数，其最大值按表 8-1 取；

γ_j——第 j 振型的参与系数；

G_{ji}——第 j 振型第 i 支承结构顶端所承受的重力荷载代表值；

η_{aj}——第 j 振型廊身重力荷载系数，应按表 8-3 采用；

g——重力加速度。

（3）两端简支的通廊，中间有支承结构且跨度相近时，可仅取前两个振型。中间一个支承结构且跨度相近时，可取第 1、第 3 振型。

通廊计算单元的纵向水平地震作用可采用单质点体系计算。

（1）通廊纵向基本自振周期可按下列公式计算：

$$T_1 = 2\pi\sqrt{\frac{m_a}{K_a}} \tag{8-7}$$

$$m_a = \frac{1}{4}\sum_{i=1}^{n} m_i + L m_L \tag{8-8}$$

$$K_a = \sum_{i=1}^{n} K_{ai} \tag{8-9}$$

式中 T_1——通廊纵向基本自振周期；

m_a——通廊的总质量；

K_a——通廊纵向的总侧移刚度；

m_i——第 i 支承结构的质量；

L——廊身水平投影长度；

m_L——廊身单位水平投影长度的质量；

K_{ai}——第 i 支承结构的纵向侧移刚度。

（2）通廊的纵向水平地震作用标准值应按下列公式计算：

$$F_{EK}=\alpha_1 G_E \tag{8-10}$$

$$G_E=\left(\frac{1}{2}\sum_{i=1}^{n}m_i+Lm_L\right)g \tag{8-11}$$

式中 F_{EK}——通廊的纵向水平地震作用标准值；

α_1——相应于结构基本自振周期的水平地震影响系数，其最大值按表 8-1 取；

G_E——通廊的等效总重力荷载；

g——重力加速度。

（3）通廊各支承结构的纵向水平地震作用标准值应按下式计算：

$$F_{Ei}=\frac{K_{ai}}{K_a}F_{EK} \tag{8-12}$$

式中 F_{Ei}——第 i 支承结构的纵向水平地震作用标准值。

通廊跨间承重结构的竖向地震作用应按本节（2）竖向地震作用中的规定计算。

通廊端部采用滑（滚）动支座支承于建（构）筑物时，通廊对建（构）筑物的影响可按下列规定计算：

（1）通廊在建（构）筑物支承处横向水平地震作用标准值可按下式计算：

$$F_{bk}=0.373\alpha_{\max}\phi_b L_1 G_L \tag{8-13}$$

式中 F_{bk}——通廊在建（构）筑物支承处产生的横向水平地震作用标准值；

G_L——廊身水平投影单位长度的等效重力荷载代表值；

L_1——通廊端跨的跨度；

ϕ_b——通廊端跨影响系数，可按表 8-4 采用；

$\alpha_{\max}$——水平地震影响系数最大值可按表 8-1 采用。

表 8-4 通廊端跨影响系数

端跨的跨度/m	ϕ_b
≤12	1.0
15~18	1.5
21~30	2.0

注：中间值可按线性内插法确定。

（2）通廊在建（构）筑物支承处产生的纵向水平地震作用标准值可按下式计算：

$$F_{ck}=\frac{1}{2}\mu_f L_1 G_L \tag{8-14}$$

式中 F_{ck}——通廊在建（构）筑物支承处产生的纵向水平地震作用标准值；

μ_f——滑（滚）动支座的摩擦系数，可按表 3-5 采用；

钢筋混凝土框架支承结构可不进行节点核心区的截面抗震验算，节点处梁柱端截面，组合的弯矩组合设计值、剪力设计值及柱下端截面组合的弯矩设计值均可不进行调整。

钢支承结构可采用格构式，也可采用框架式。当采用带平腹杆和交叉斜腹杆的格构式结构时，交叉斜腹杆可按拉杆计算，并应计及相交受压杆卸载效应的影响。不得采用单面偏心连接；交叉斜腹杆有一杆中断时，交叉节点板应予以加强，其承载力不应小于杆件塑性承载力的 1.1 倍。

平腹杆与框架柱之间应采用焊接或摩擦型高强度螺栓连接。腹杆与框架柱的连接强度不应小于腹杆承载力的 1.2 倍。

8.3 抗震构造措施

采用钢筋混凝土框架支承时，应符合下列规定：

（1）在确定框架抗震等级时框架高度应按通廊同一防震缝区段内最高支承框架的高度确定。通廊跨度大于 24m 时，抗震等级应提高一度。

（2）抗震构造措施应符合《构筑物抗震设计规范》(GB 50191) 的有关规定。

（3）支承结构牛腿（柱肩）的箍筋直径，一级、二级不应小于8mm，三级、四级不应小于6mm，箍筋间距均不应大于100mm。

采用钢支承结构时，其杆件的长细比不应大于表5-1的规定。

钢框架支承结构的柱梁板件宽厚比限值应符合下列规定：

（1）6°、7°且结构受力由非地震作用效应组合控制时，板件宽厚比限值应按现行国家标准《钢结构设计规范》(GB 50017）有关弹性设计的规定采用。

（2）8°、9°时以及6°、7°且结构受力由地震作用效应组合控制时，板件宽厚比限值除应符合现行国家标准《钢结构设计规范》(GB 50017）有关弹性设计的规定外，尚应符合表8-5的规定。

表8-5 支承结构的柱、梁板件宽厚比限值

板件名称		6°、7°	8°	9°
工字形截面翼缘外伸部分		13	11	10
箱形截面两腹板间翼缘		38	36	36
工字形、箱形截面腹板	$N_c/Af<0.25$	70	65	60
	$N_c/Af\geq 0.25$	58	52	48
圆管外径与壁厚比		60	55	50

注：1. 表中数值适用于Q235钢，采用其他牌号钢材时应乘以 $\sqrt{235/f_y}$，但对于圆管、外径与壁厚比应乘以 $235/f_y$；
2. N_c 为柱、梁轴力，A 为相应构件截面面积，f 为钢材抗拉强度设计值；
3. 构件腹板宽厚比可通过设置纵向加劲肋予以减小。

通廊的跨间承重结构采用钢梁（桁架）时，应与支承结构牢固连接。钢支承结构的顶部横梁、肩梁与框架柱应采用全焊透焊接连接。

钢支承结构与基础连接应牢固可靠，可采用埋入式、插入式或外包式柱脚，也可采用外露式刚接柱脚。柱脚设计应符合下列规定：

（1）插入式、埋入式柱脚钢柱的埋入深度不得小于单肢截面高度（或外径）的3倍。

（2）采用外包式柱脚时，实腹H形截面柱的钢筋混凝土外包高度不宜小于钢柱截面高度的2.5倍；箱形截面柱或圆管柱的钢筋混凝土外包高度不宜小于钢柱截面高度或圆管外径的3.0倍。

（3）采用外露式柱脚时地脚锚栓应设置弯钩或锚板，其埋置深度不应小于公式（8-15）的要求，且当采用Q235钢材时，其埋置深度不得小于20d，当采用Q345钢材时，不得小于25d。

$$L_a = 0.155\frac{f_y^a}{f_t}d \qquad (8-15)$$

式中　L_a——地脚锚栓最小埋置深度，mm；

d——地脚锚栓直径；

f_t——基础混凝土轴心抗拉强度设计值；

f_y^a——地脚锚栓的抗拉强度设计值，Q235钢应取140MPa，Q345钢应取180MPa。

通廊跨间承重结构采用钢筋混凝土梁时，宜将梁上翻；梁的两端箍筋应加密，加密区长度不应小于梁高；加密区箍筋最大间距、最小直径应按表8-6采用；梁的端部预埋钢板厚度不应小于16mm，并应加强锚固。通廊跨间承重结构采用钢筋混凝土桁架时，宜采用下承式结构，其端部应加强连接，并应在横向形成闭合框架。

表8-6　加密区箍筋最大间距、最小直径　　（mm）

烈　度	最大间距	最小直径
6	150	6
7	100	6
8	150	8
9	100	8

建（构）筑物上支承通廊的横梁及支承结构的肩梁应符合下列规定：

（1）横梁、肩梁与通廊大梁连接处应设置钢垫板，其厚度不宜小于16mm。

（2）7°~9°时，钢筋混凝土肩梁支承面的预埋件应设置垂直于通廊纵向的抗剪钢板，抗剪钢板应设有加劲肋板。

(3) 通廊大梁与肩梁间宜采用螺栓连接。

(4) 钢筋混凝土横梁、肩梁应采用矩形截面，不得在横梁上伸出短柱作为通廊大梁的支座。

通廊跨间承重结构支承在建（构）筑物上时，宜采用滑（滚）动支座形式，并应采取防止落梁的措施。

通廊的围护结构应按其结构类型采取相应的抗震构造措施。

9 安全、防护和环保

9.1 防　　火

防火应遵守的规范：

(1)《建筑设计防火规范》(GB 50016—2006)。

(2)《钢铁冶金企业设计防火规范》(GB 50141—2007)。

火灾危险性类别和耐火等级可按表 9-1 确定。

表 9-1　火灾危险性类别和耐火等级

序号	工程名称	通 廊 名 称	火灾危险性类别	耐火等级
1	原料工程	矿石 胶带机通廊	戊类	二级
		焦炭 胶带机通廊	丁类	二级
		煤炭 胶带机通廊	丙类	二级
2	烧结球团工程	含铁原料 胶带机通廊	戊类	二级
		焦炭 胶带机通廊	丁类	二级
		煤炭 胶带机通廊	丙类	二级
		溶剂 胶带机通廊	丁类	二级
		成品 胶带机通廊	丁类	二级
		热返矿 胶带机通廊	丁类	二级
3	高炉工程	上料主 胶带机通廊	丁类	二级
		矿石 胶带机通廊	戊类	二级
		焦炭 胶带机通廊	丁类	二级
		水渣 胶带机通廊	戊类	二级
		喷吹煤 胶带机通廊	丙类	二级
4	转炉和 LF 炉工程	副原料 胶带机通廊	丁类	二级
		铁合金 胶带机通廊	戊类	二级

注：火灾危险性类别为丙类的煤炭和喷吹煤通廊应统一设置灭火器和消火栓。

围护和保温等建筑材料应采用难燃或不燃材料，不得采用可燃或易燃材料。

火灾危险性类别为丁、戊类的通廊可采用无防火保护的钢结构。火灾危险性类别为丙类的通廊的跨间结构采用防火保护，耐火极限不应低于1.5h，支承结构（支架）不必作防火保护。

9.2 通　　道

通廊应设置人行通道如走道、跨机桥、平台、钢梯，通道设置应符合下列规定：

（1）并列布置胶带机数量小于或等于三条时，宜在胶带机的两侧设置单行走道，特殊情况下才在一侧设置；四条时，宜在胶带机间增设一条单行走道；超过四条时，应在胶带机群间适当增设单行走道。

（2）长度超过100m的通廊，宜在胶带机两侧设置走道，还应在通廊的中部设置跨机桥，以供维修和疏散之用。其间距应小于100m（胶带机上部设移动设备的除外），其下部净空高度应满足工艺要求，上部净空高度不应小于1600mm。跨机桥的构造和尺寸见图9-1和表9-2。

表9-2　跨机桥尺寸

带宽/mm	主要尺寸/mm								重量/kg
	B	H	H_1	L	L_1	F	n	h	
500	700	800	1200	1258	840	200	4	300	110
650	700	800	1200	1358	940	200	4	300	115
800	700	1000	1500	1664	1140	500	5	300	144
1000	700	1000	1600	1900	1340	600	5	320	153
1000	700	1200	1800	1970	1340	600	6	300	164
1200	700	1200	1800	2170	1540	800	6	300	192
1200	700	1400	2000	2241	1540	800	6	330	195
1400	700	1200	1800	2370	1740	800	6	300	203
1400	700	1400	2000	2441	1740	800	6	330	208

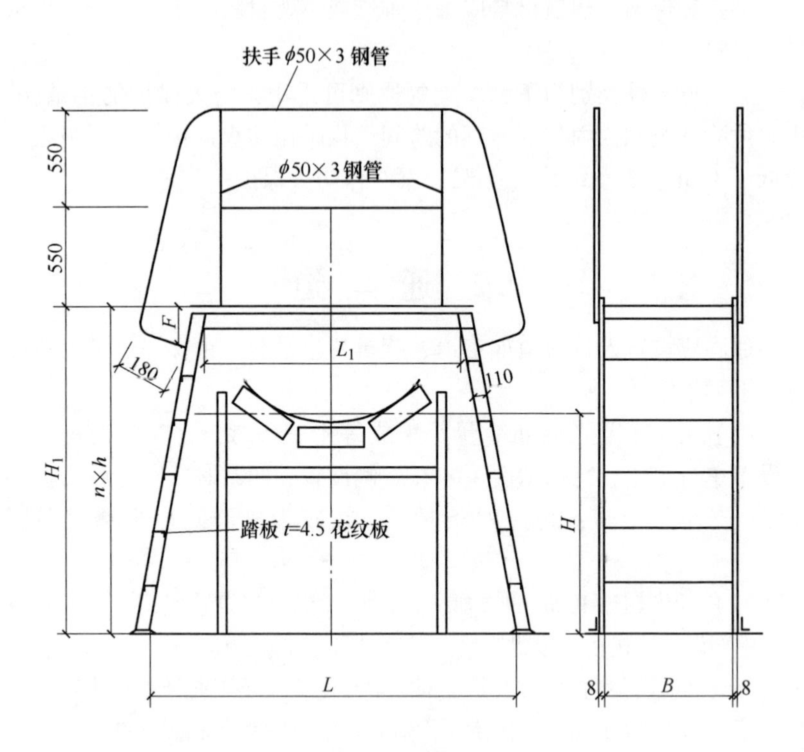

图 9-1　跨机桥

（3）通廊任一点至安全出口的距离不应大于 75m，相邻两个出口点之间的距离不应大于 150m，转运站等建筑物可作为出口点。通廊中部的出口点宜设在固定支架处，并设钢梯通向地面。

（4）胶带机上加雨罩的敞开式通廊两边的走道，宜设置在胶带面以下 800~1200mm 处。

（5）除直爬梯外，单行通道的净宽度不应小于 800mm，双行通道的净宽度不应小于 1300mm。

（6）通道板宜采用 $t=4.5\sim6$mm 的花纹钢板。

（7）通道表面到其上部障碍物之间的净空距离不宜小于 2000mm。

（8）通道表面的水平夹角大于 6°但小于等于 12°时，应设置防滑条；大于 12°时应设置台阶。防滑条和台阶的构造如图 9-2 所示。

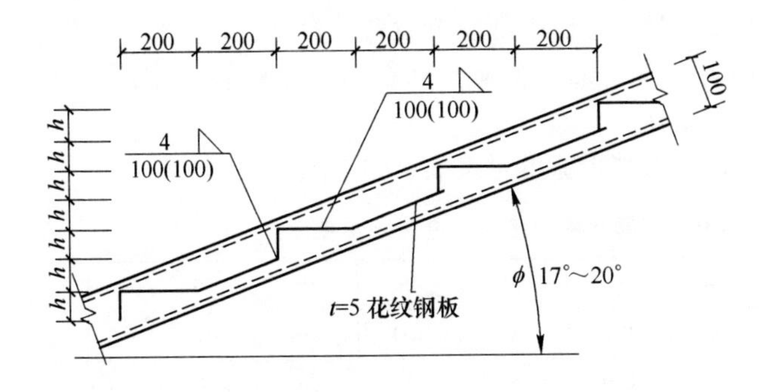

通廊通道台阶高度表

φ/(°)	h/mm
12	86
13	92
14	100
15	108
16	116
17	61
18	65
19	69
20	73

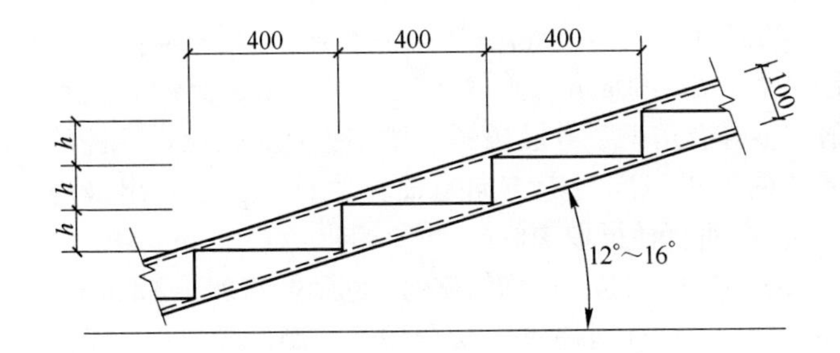

通廊通道台阶图

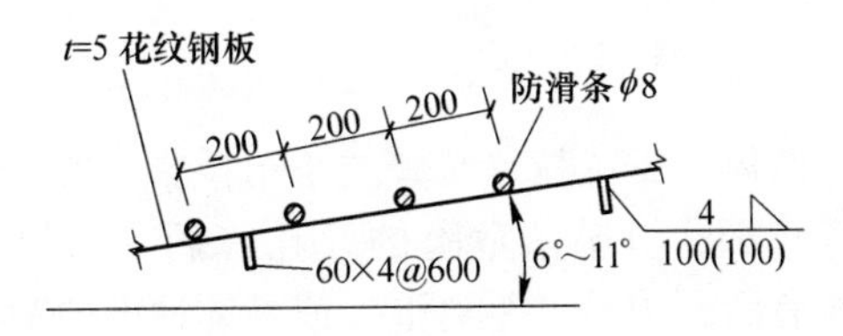

通廊通道防滑条图

图 9-2　防滑条和台阶的构造

钢梯的设计，除应符合《固定式钢梯及平台安全要求第二部分：钢斜梯》(GB 4053.2）的相关规定外，还应符合下列要求：

(1）坡度不宜大于 45°，条件受到限制时可适当加大角度，但不应超过 60°。

（2）高度大于 5m 时，宜在中部位置设置休息平台。

（3）踏步应均匀布置，第一个踏步和最后一个踏步与中间踏步的高度不宜出现较大差异。

钢斜梯的踏步高度和踏步宽度可按表 9-3 选择。

表 9-3　钢斜梯的踏步高度和踏步宽度

与平面的夹角/(°)	30	35	40	45	50	55	60
踏步高度/mm	160	175	185	200	210	225	235
踏步宽度/mm	310	280	250	225	210	180	160

直爬梯的设计，除应符合《固定式钢梯及平台安全要求第一部分：钢直梯》(GB 4053.1) 的相关规定外，还应符合下列要求：

（1）内侧净宽度宜取 500mm。梯梁（框）可根据总高度和支点间距，采用扁钢、不等肢角钢、等肢角钢、槽钢，且宜按拉弯杆件计算。顶端的梯梁（框）可以向行走方向弯曲作为扶手，且高出最高一级踏棍 1050mm，弯曲直径可取 200mm。

（2）踏棍可采用 ϕ20 的钢筋，应均匀排列，间距可取 250~300mm。

（3）高度超过 2m 时，直爬梯应设安全护笼；高度超过 10m 时，直爬梯应每隔 5m 设置一休息平台。

（4）直梯与前方障碍间的净距离不宜小于 150mm。

9.3　栏　　杆

敞开式通廊的两侧、重锤拉紧装置或小车拉紧装置中的重锤及小车周围、平台、操作面、有坠落危险的开孔（洞）边缘、走道、过桥、钢斜梯以及所有敞开边沿，距离下方或相邻地面的距离大于等于 1.2m 时，均应设置防护栏杆。

栏杆的设计，除应符合《固定式钢梯及平台安全要求第三部分：工业防护栏杆及钢平台》(GB 4053.3) 的相关规定外，还应根据栏杆根部距下方相邻地面（板）的高度确定栏杆的高度，并符合下列要求：

（1）高度小于 2m 时，栏杆高度不应低于 900mm。

（2）高度大于 2m 但小于 20m 时，栏杆高度不应低于 1050mm。

（3）高度大于 20m 时，栏杆高度不应低于 1200mm。

9.4 钢结构的防锈

通廊钢结构必须进行防锈处理，且应遵守“先除锈后涂漆”的原则。特殊地区的通廊，尚应采取相应的防锈措施（包括耐候钢）。

除锈和涂漆应符合国家标准《带式输送机》(GB/T 10595)、《涂装前钢材表面锈蚀等级和除锈等级》(GB/T 8923) 和《钢结构、管道涂装技术规程》(YB/T 9256) 的相应规定：

(1) 喷射或抛射除锈，除锈等级不应低于 Sa2 1/2 级；

(2) 手工或动力工具除锈，除锈等级不应低于 St3 级。

通廊的主要构件应采用喷射或抛射除锈，只有个别小件才采用手工或动力工具除锈。

防锈涂料可采用醇酸磁漆、氯化橡胶、氯磺化聚乙烯、环氧防腐漆、聚氨酯漆、无机富锌漆和有机硅漆等。酸雨严重的地区宜采用沥青耐酸漆或环氧沥青漆。

涂料应配套使用，漆膜应由底漆、中间漆和面漆组成，不得采用单一品种。涂料的底漆应具有良好的防腐蚀性和较强的黏着力；中间漆应具有一定底漆和面漆的性能；面漆应具有较强的防腐蚀、抗老化和耐候性能。

面漆色彩应与通廊压型板色彩和周围环境协调。

9.5 防　　雷

防雷应根据电气要求进行设计，并符合《建筑物防雷设计规范》(GB 50057) 的规定。

避雷针引下线不应少于两根，其设置应远离其他电器线缆。

9.6 环境保护

通廊跨越下列位置时，应在胶带机下部或设备上部设置落料挡板。

（1）公路、铁路、河道、水域和人行道路等。

（2）地面传动装置、重锤拉紧装置及竖直桁架上（下）弦面和相应的走道板、胶带机收料区段、导料槽或其他设备。

（3）建筑物和绿化带。

（4）其他因环境保护或劳动安全等应设置的部位。

未封闭通廊应采取措施防止胶带机的回程胶带上黏附物料洒落或积灰飘洒。

通廊两侧应在适当位置布置落灰管。积灰口应加活动盖板，地面上应设积灰池。

通廊内部粉尘，宜用压力水冲刷清洗。

从绿色发展，保护环境的理念看，不应采用非封闭式通廊。

10 实　　例

10.1　33m 跨度通廊廊身结构图

33m 跨度通廊廊身结构图（仅表示构造）如图 10-1 和图 10-2 所示。

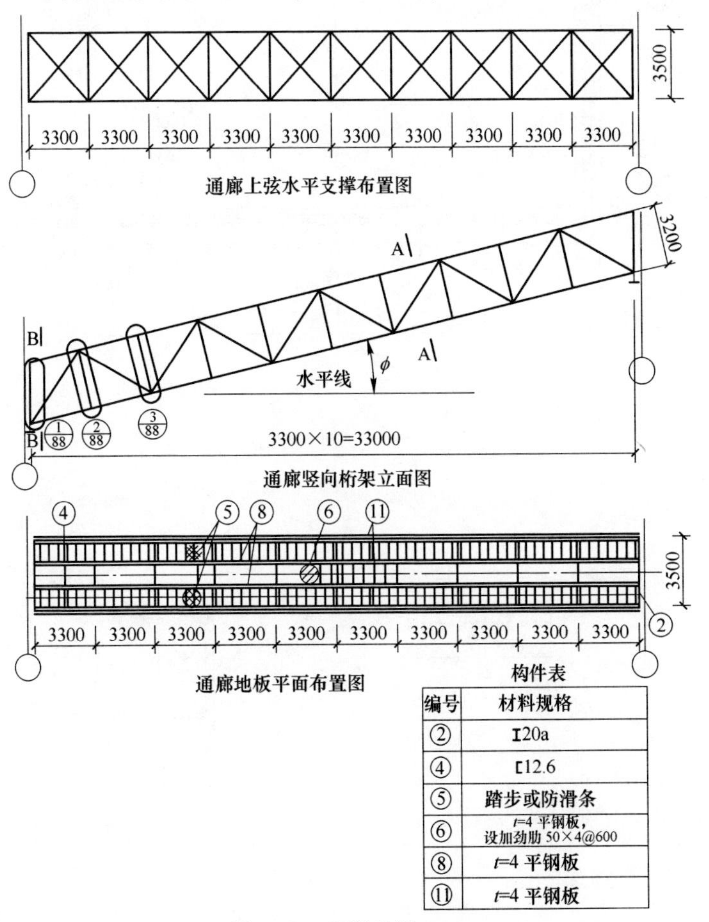

构件表

编号	材料规格
②	I20a
④	[12.6
⑤	踏步或防滑条
⑥	t=4 平钢板，设加劲肋 50×4@600
⑧	t=4 平钢板
⑪	t=4 平钢板

图 10-1　通廊实例 1

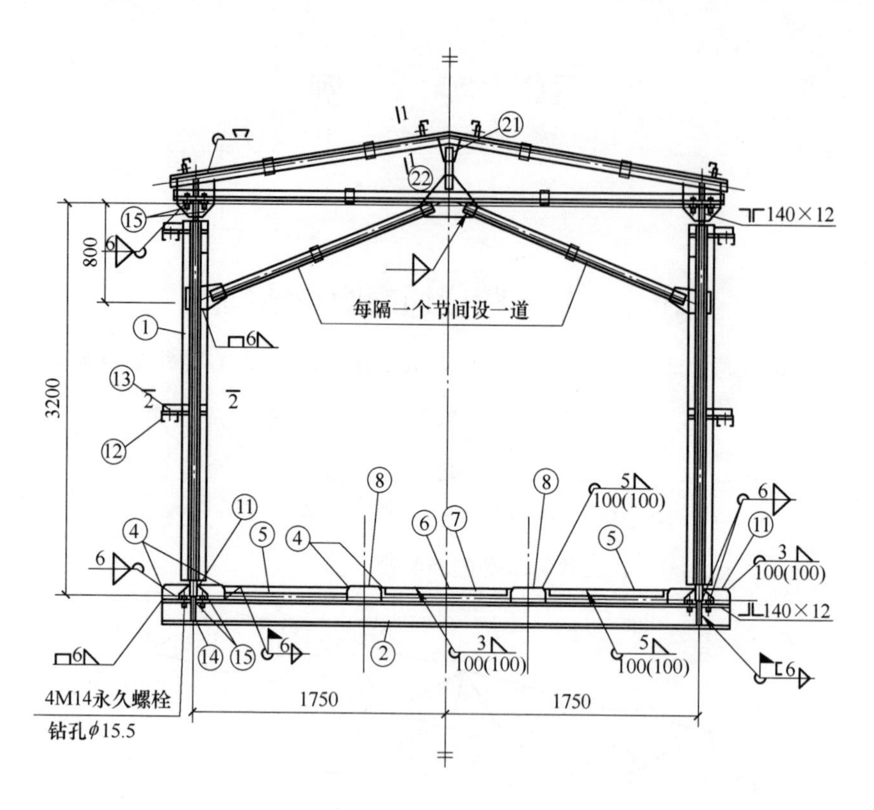
140×12
800
3200
每隔一个节间设一道
100(100)
140×12
4M14永久螺栓
钻孔φ15.5
1750
1750

A—A剖面图

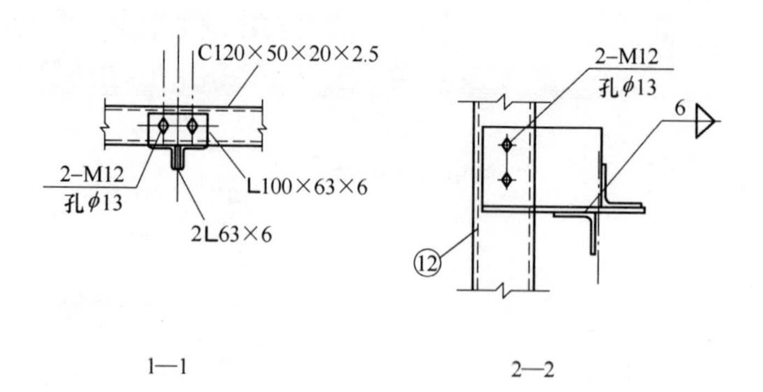
C120×50×20×2.5
2-M12
孔φ13
L100×63×6
2L63×6
2-M12
孔φ13

1—1

2—2

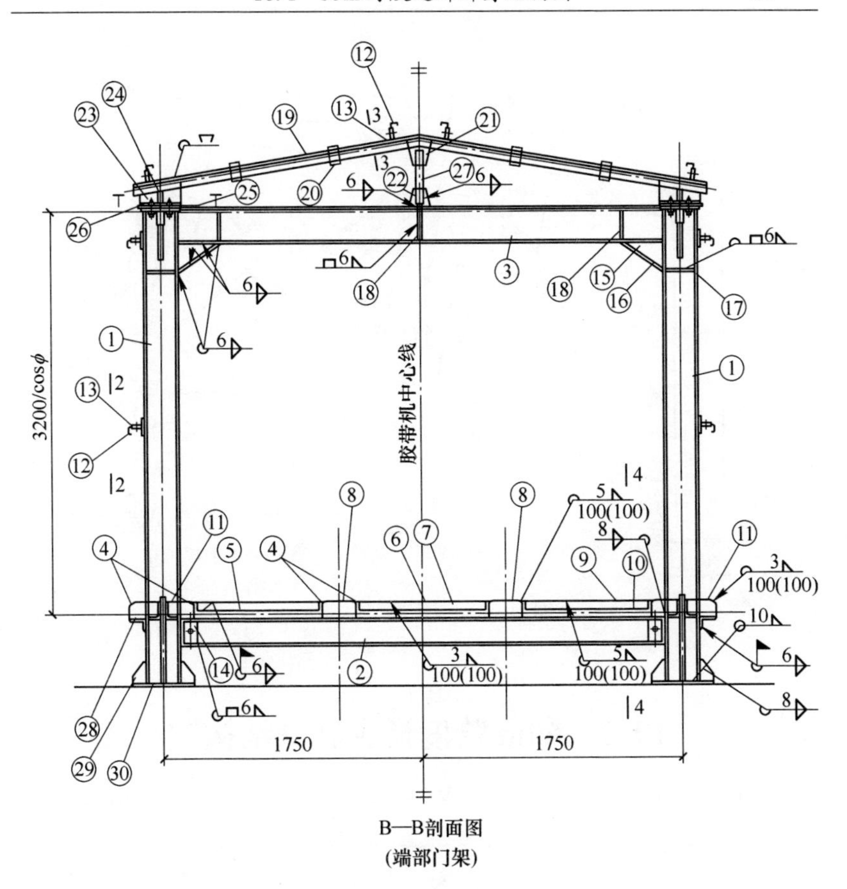
胶带机中心线
3200/cosφ
1750
1750
100(100)

B—B剖面图
(端部门架)

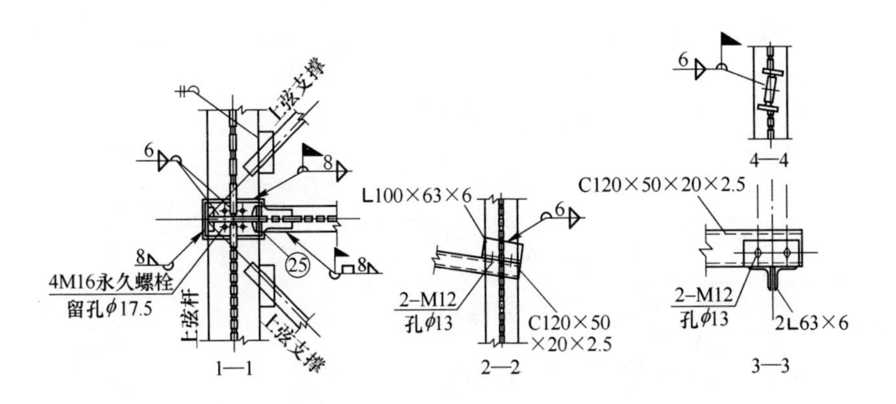
上弦支撑
上弦杆
4M16永久螺栓
留孔φ17.5
L100×63×6
2-M12
孔φ13
C120×50
×20×2.5
C120×50×20×2.5
2L63×6
1—1
2—2
3—3
4—4

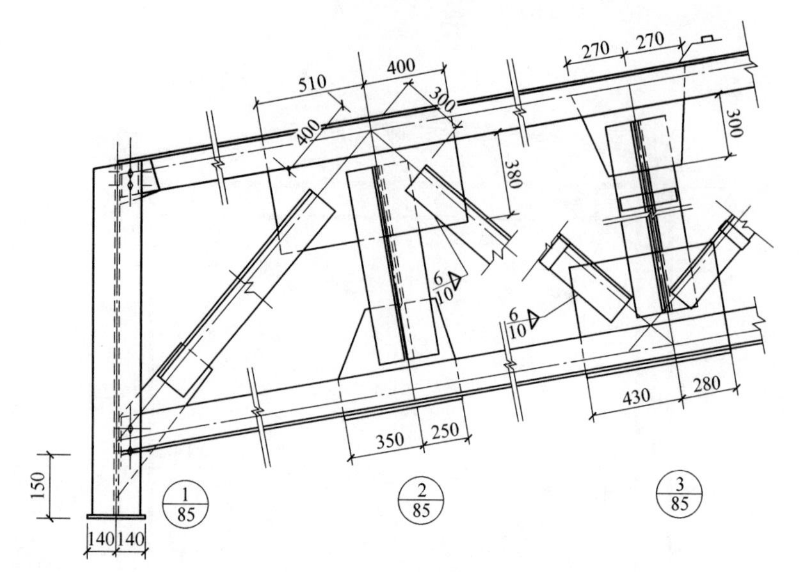

图 10-2　通廊廊身结构图 1

10.2　60m 跨度通廊廊身结构图

60m 跨度通廊廊身结构图（仅表示构造）如图 10-3 和图 10-4 所示。

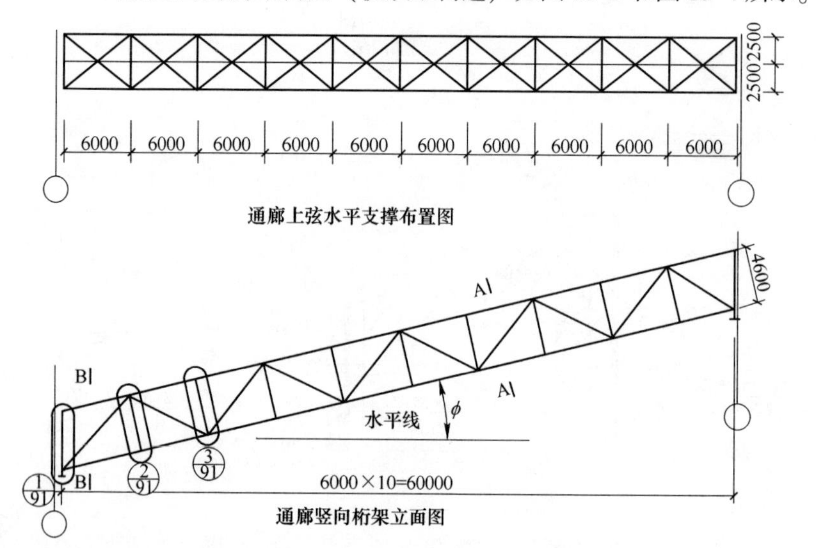

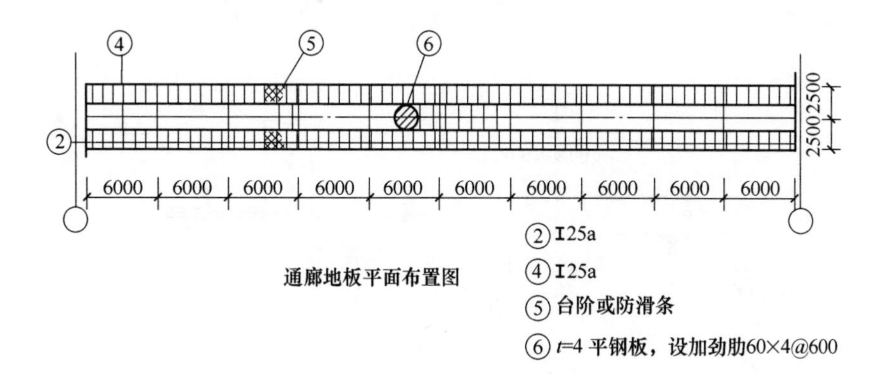

④
⑤
⑥
②
2500
2500
6000
6000
6000
6000
6000
6000
6000
6000
6000
6000
通廊地板平面布置图
② I25a
④ I25a
⑤ 台阶或防滑条
⑥ t=4 平钢板，设加劲肋60×4@600

图 10-3 通廊实例 2

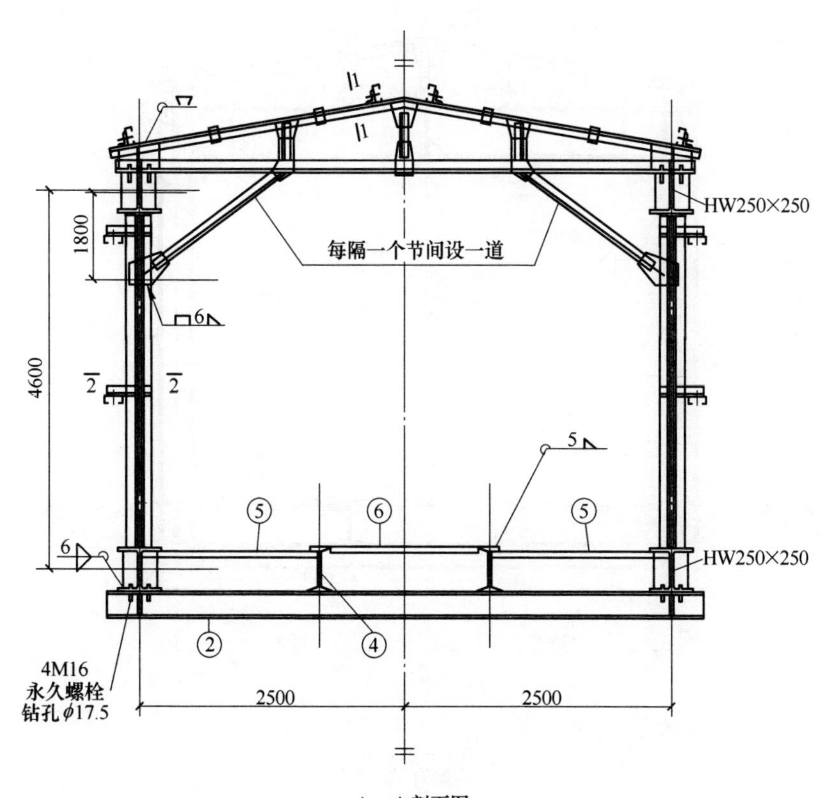

1800
4600
HW250×250
每隔一个节间设一道
6
2
2
5
⑤
⑥
⑤
6
HW250×250
②
④
4M16
永久螺栓
钻孔ϕ17.5
2500
2500
A—A 剖面图

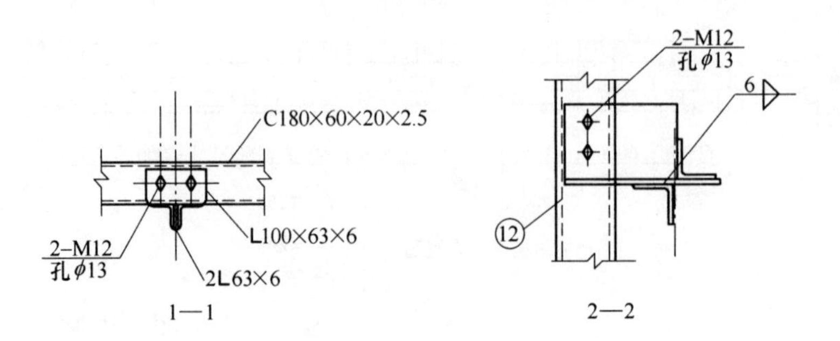
C180×60×20×2.5
2-M12
孔ϕ13
L100×63×6
2L63×6
1—1
2-M12
孔ϕ13
6
12
2—2

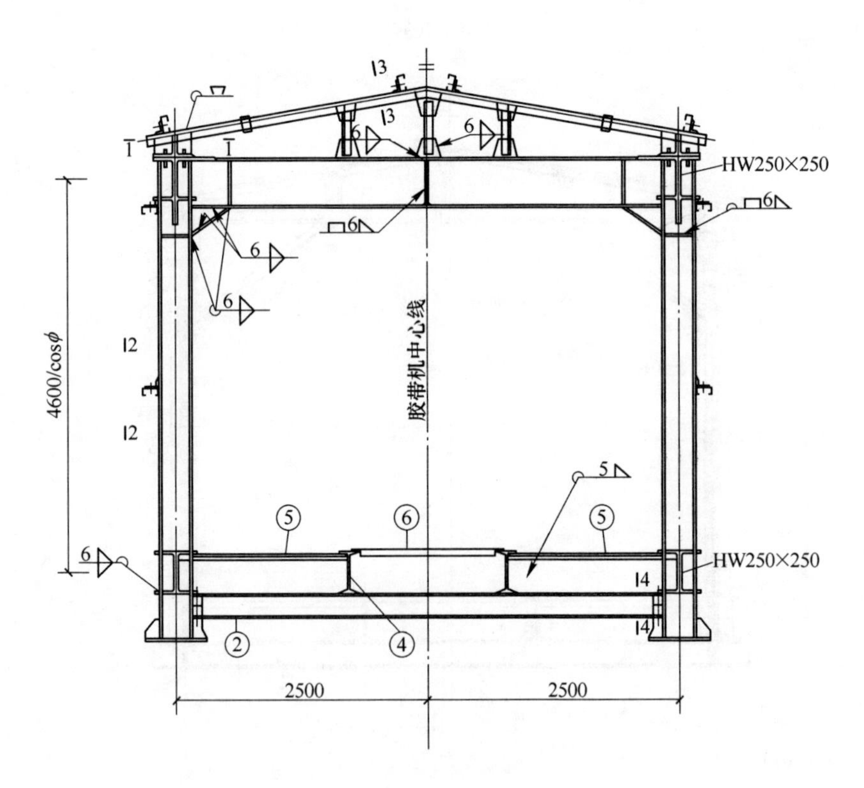
13
13
6
6
1
1
HW250×250
6
6
6
6
4600/cosϕ
12
12
胶带机中心线
5
5
6
5
6
HW250×250
14
14
2
4
2500
2500

B—B 剖面图
（端部门架）

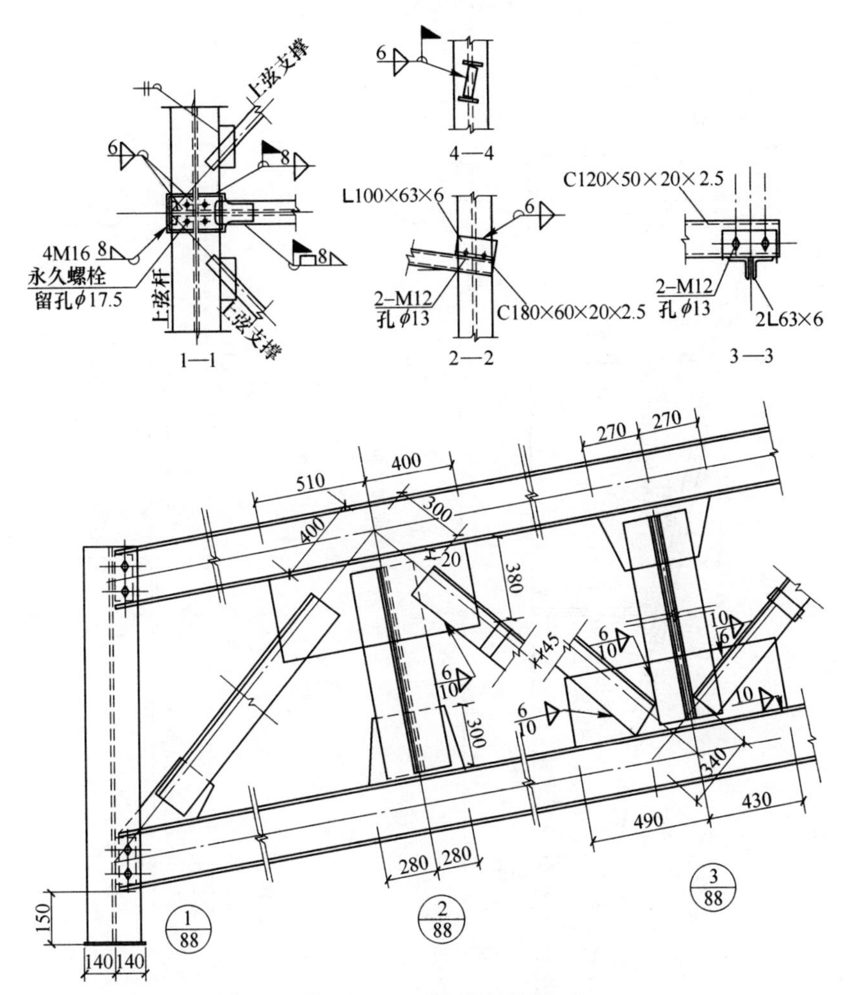

图 10-4 通廊廊身结构图 2

10.3 管式通廊

10.3.1 管式通廊设计图

管式通廊设计图如图 10-5 所示。

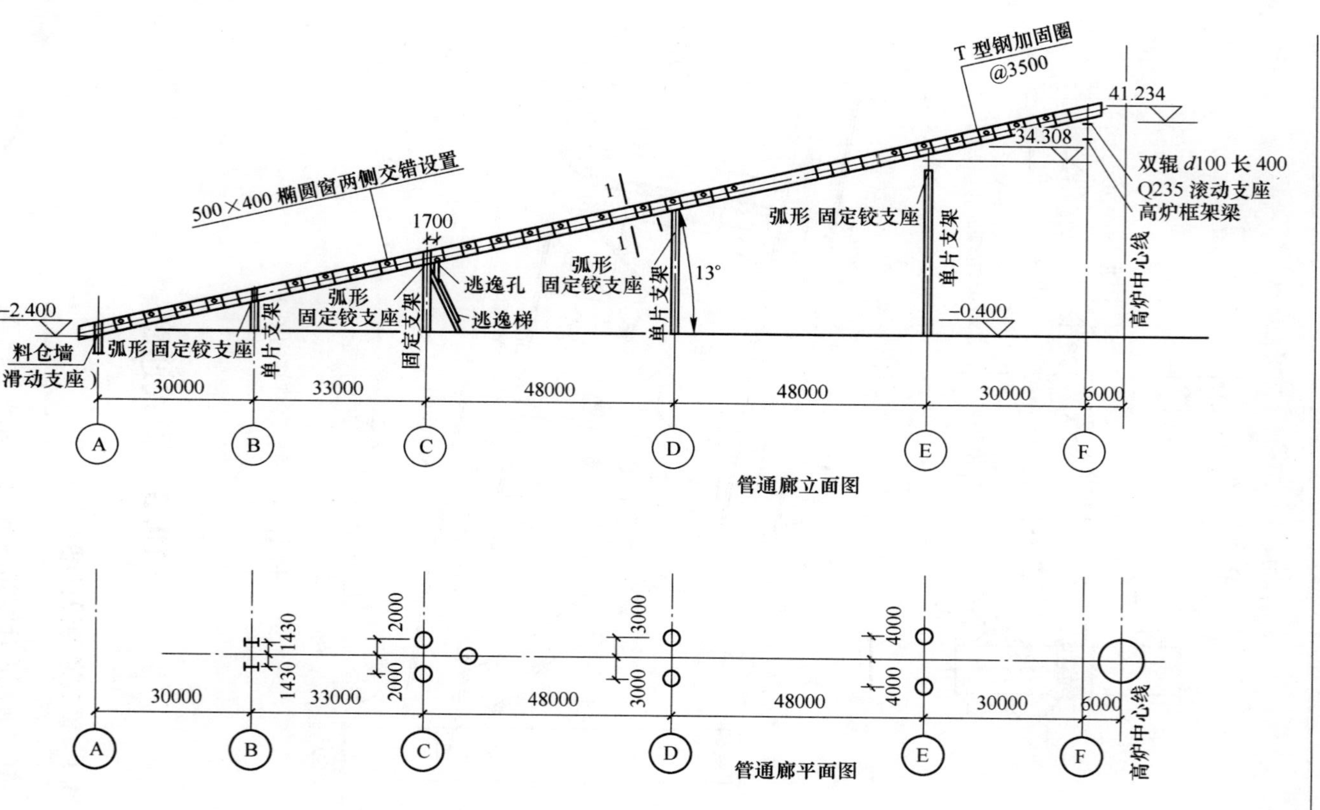

图 10-5　管式通廊设计图

具体结构图如图 10-6 所示。

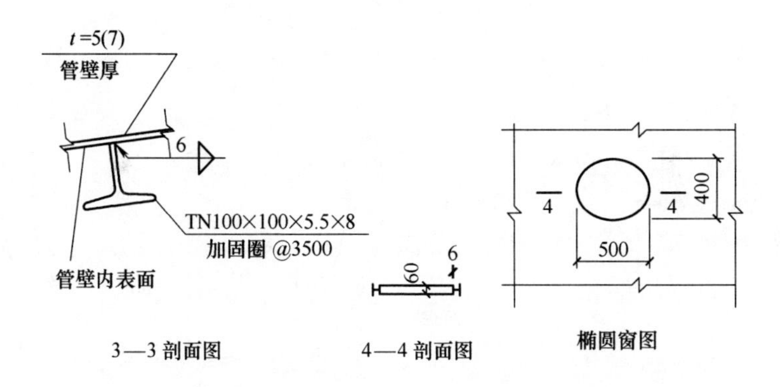

3—3 剖面图　　4—4 剖面图　　椭圆窗图

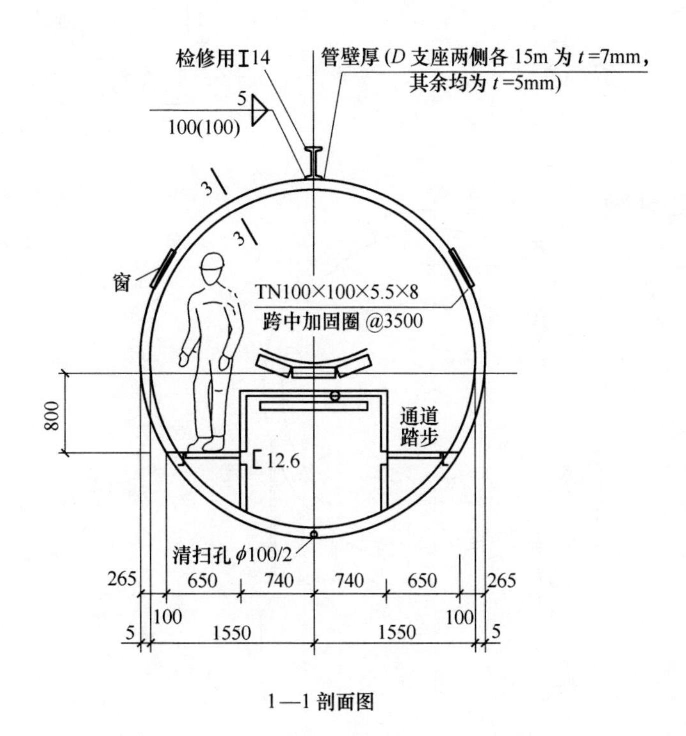

1—1 剖面图

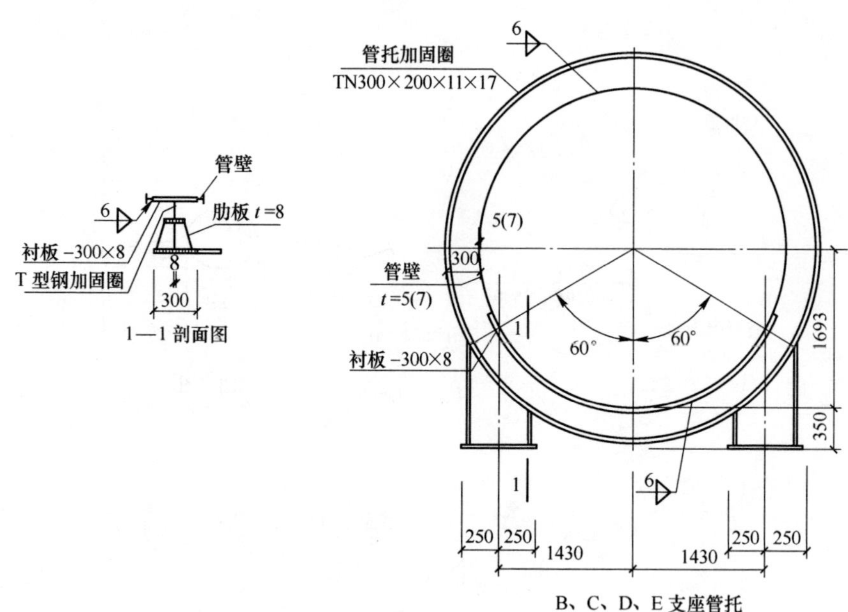

B、C、D、E 支座管托

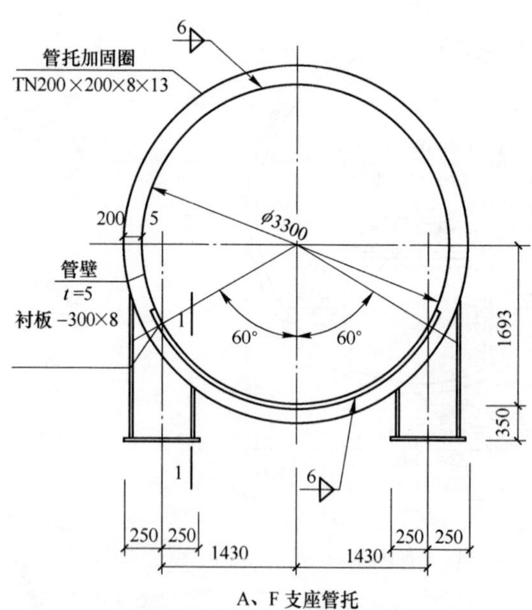

A、F 支座管托

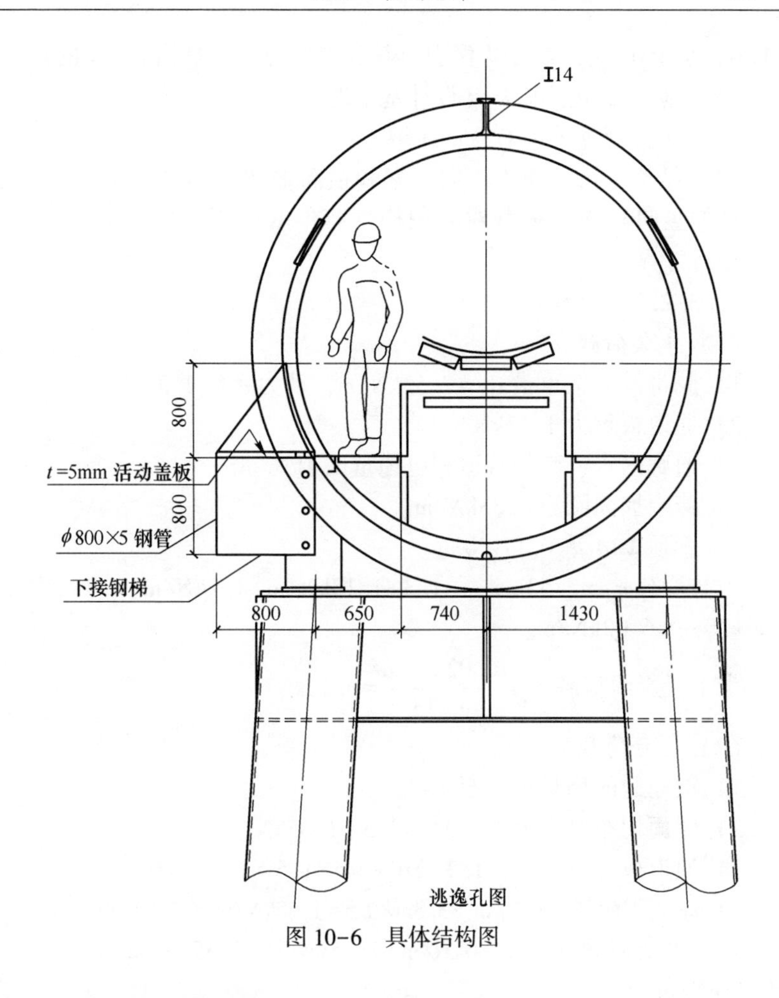

图 10-6 具体结构图

10.3.2 管式通廊计算书

10.3.2.1 基本数据

(1) 带式输送机胶带宽 $B=1000$mm，倾角为 13°。

(2) 输送物料：烧结块矿，堆积密度 $\rho=2000\mathrm{kg/m^3}$。

(3) 结构主要参数如图 10-6 所示。

(4) 基本风压 $W_0=0.35\mathrm{kN/m^2}$，高度变化系数 $\mu_Z=1.39$，体型系数 $\mu_s=0.6$，风振系数 $\beta_Z=1.3$（按初步计算的结果本工程的基本自振周期为

0.173s，小于0.25s，本可以不考虑风振影响，取1.3是偏于安全的）。

（5）地震设防烈度7°（设计基本地震加速度0.15g）。

（6）廊身管壁采用Q235NH钢。

（7）结构分析：作为纵向框架和横向框架分别计算平面作用效应，叠加竖向和横向荷载对共用构件产生的作用效应。采用PKPM程序进行计算。

10.3.2.2　荷载

（1）永久荷载。

1）胶带及支架重量 $q_{sk}=2.53\text{kN/m}$，动力系数1.3。

2）通道板重力1.13kN/m。

3）通廊内水、汽等管道和电缆重1.1kN/m。

4）跨中加固圈重0.33kN/m。

5）管顶Ⅰ14重0.17kN/m。

均布荷载 $q_{jk}=2.53\text{kN/m}\times1.3+1.13\text{kN/m}+1.1\text{kN/m}+0.33\text{kN/m}+0.17\text{kN/m}=6.02\text{kN/m}$。

水平投影线荷载 $q_{jk}=\dfrac{6.02\text{kN/m}}{\cos13}=6.12\text{kN/m}$。

（2）可变荷载。

1）被输送的物料重2.60kN/m。

2）屋面均布可变荷载：$0.5\times3.3=1.65\text{kN/m}$。

3）通道板可变荷载：$1.3\times2.0+0.5\times1.5=3.35\text{kN/m}$。

4）屋面灰荷载：$1\text{kN/m}^2\times3.3\text{m}\times0.5=1.65\text{kN/m}$（0.5是堆积系数）。

均布可变荷载 $q_{hk}=2.60\text{kN/m}+1.65\text{kN/m}+3.35\text{kN/m}+1.65\text{kN/m}=9.25\text{kN/m}$。

水平投影线荷载 $q_{hk}=\dfrac{9.25\text{kN/m}}{\cos13}=9.49\text{kN/m}$。

（3）风荷载。

$W_k=\beta_Z\mu_s\mu_Z W_0=1.3\times0.6\times1.39\times0.35=0.38\text{kN/m}^2$。

作用在廊身上的风荷载 $q_f=0.38\times3.3=1.25\text{kN/m}$。

（4）胶带断裂产生的偶然荷载。

$N=100\text{kN}$。

（5）温度作用。通廊立面见设计图10-7。固定支座在C轴处，

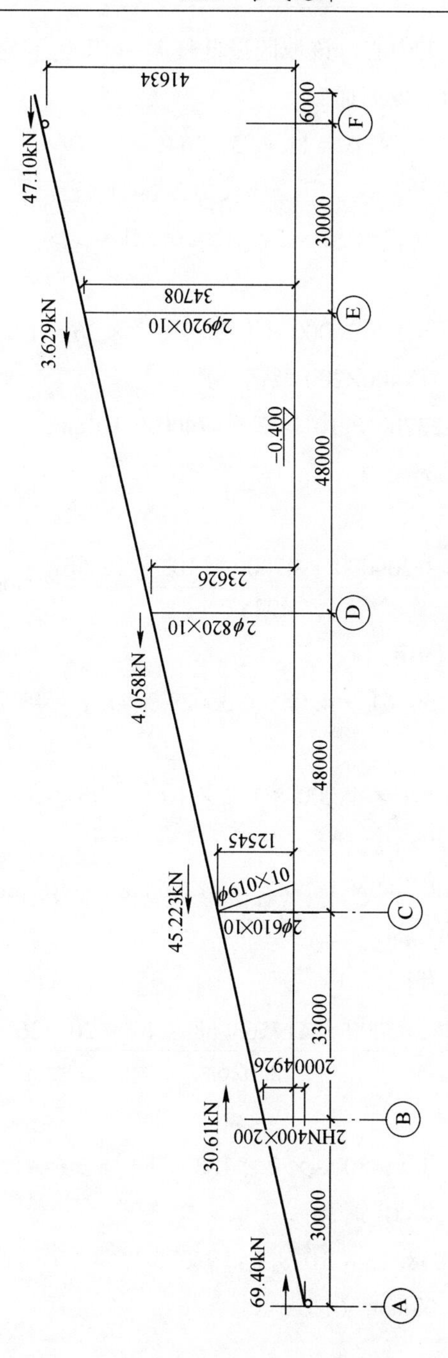

图 10-7 通廊温度和摩擦荷载简图

以 C 支座为变形约束中心。该地区最低气温-11℃，假定安装时气温为 25℃，本通廊为不保温通廊。

$$\Delta t = 11 + 25 = 36℃$$

1）A 支座是滑动支座，其支座反力为 347kN。

$$P_A = 0.2 \times 347\text{kN} = 69.4\text{kN}$$

2）B 支座。

$$\Delta L = K_t L_j a \Delta t = 1 \times 30000 \times 1.2 \times 10^{-5} \times 36 = 12.96\text{mm}$$

该支架为 2 根 HN400×200 型钢，其

$$I = 23700 \times 10^4 \times 2 = 47400 \times 10^4 \text{mm}^4$$

支架高 $H = 4926\text{mm}$。

支架的弹性反力：

$$P_B = \frac{3EI\Delta L}{H^3} = \frac{3 \times 206000 \times 47400 \times 10^4 \times 12.96}{4926^3} = 30608.788\text{N}$$

3）3C 支座（固定点）。

$$P_C = 69.40 + 30.61 - 4.058 - 3.629 - 47.1 = 45.2230\text{kN}$$

4）D 支座。

$$\Delta L = K_t L_j a \Delta t = 1 \times 48000 \times 1.2 \times 10^{-5} \times 36 = 20.736\text{mm}$$

该支架为 2ϕ820×10 钢管：

$$I = 208781.84 \times 10^4 \times 2 = 417563.68 \times 10^4 \text{mm}^4$$

支架高 $H = 23626\text{mm}$。

支架的弹性反力：

$$P_D = \frac{3EI\Delta L}{H^3} = \frac{3 \times 206000 \times 417563.68 \times 10^4 \times 20.736}{23626^3} = 4057.57\text{N}$$

5）E 支座。

$$\Delta L = K_t L_j a \Delta t = 1 \times 48000 \times 2 \times 1.2 \times 10^{-5} \times 36 = 41.472\text{mm}$$

该支架为 2ϕ920×10 钢管：

$$I = 296038.43 \times 10^4 \times 2 = 592076.86 \times 10^4 \text{mm}^4$$

支架高 $H = 34708\text{mm}$。

支架的弹性反力：

$$P_E = \frac{3EI\Delta L}{H^3} = \frac{3 \times 206000 \times 592076.86 \times 10^4 \times 41.472}{34708^3} = 3629.38\text{N}$$

6）F 支座（滚动支座）。

支座反力 $R=471\text{kN}$。

$$P_E = 0.1 \times 471\text{kN} = 47.1\text{kN}$$

10.3.2.3　管梁内力分析

通廊计算简图如图 10-8 所示。

计算结果（含永久荷载，可变荷载，地震、温度作用）如下：

（1）管梁弯矩（设计值）。管梁弯矩图如图 10-9 所示。

（2）管梁剪力（设计值）。管梁剪力图如图 10-10 所示。

（3）管梁 D 轴处压力：$N=-197\text{kN}$。

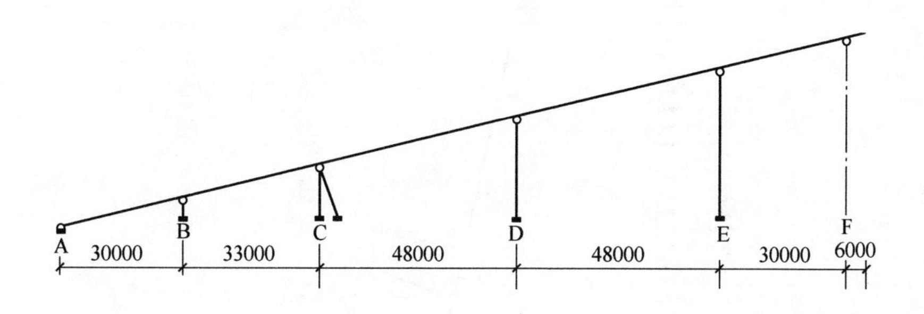

（4）管梁支座反力（设计值）。

$R_A = 374\text{kN}$；

$R_B = 970\text{kN}$；

$R_C = 1138\text{kN}$；

$R_D = 1426\text{kN}$；

$R_E = 1164\text{kN}$；

$R_F = 417\text{kN}$。

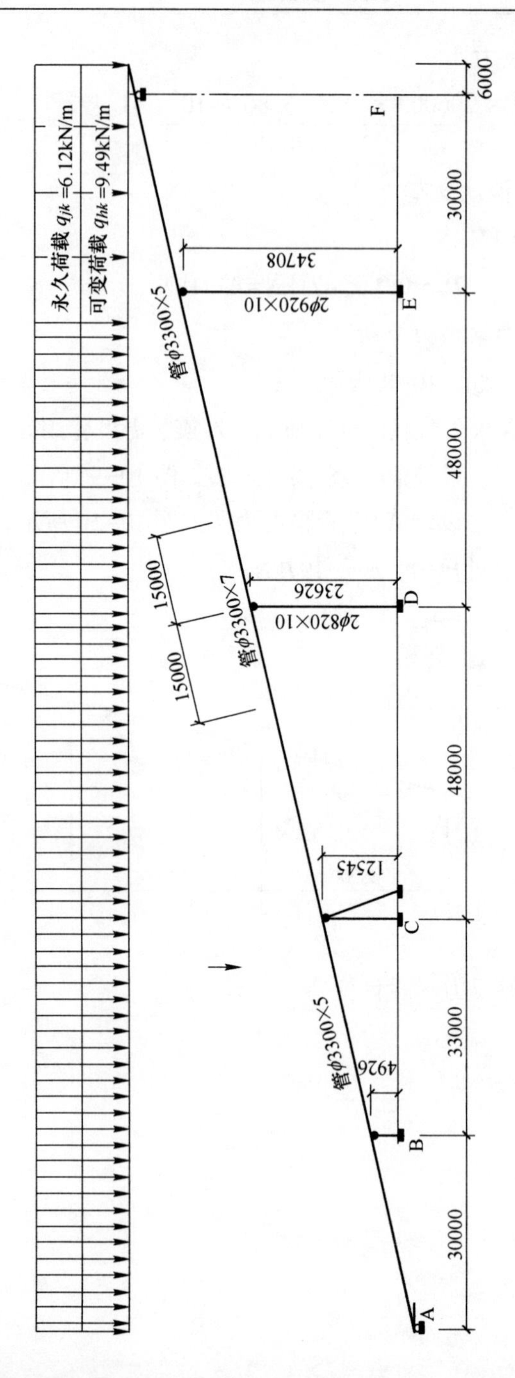

永久荷载 q_{jk}=6.12kN/m
可变荷载 q_{hk}=9.49kN/m
6000
F
30000
34708
2φ920×10
E
管φ3300×5
48000
15000
15000
23626
管φ3300×7
2φ820×10
D
48000
12545
C
管φ3300×5
33000
4926
B
30000
A

图 10-8　通廊计算简图

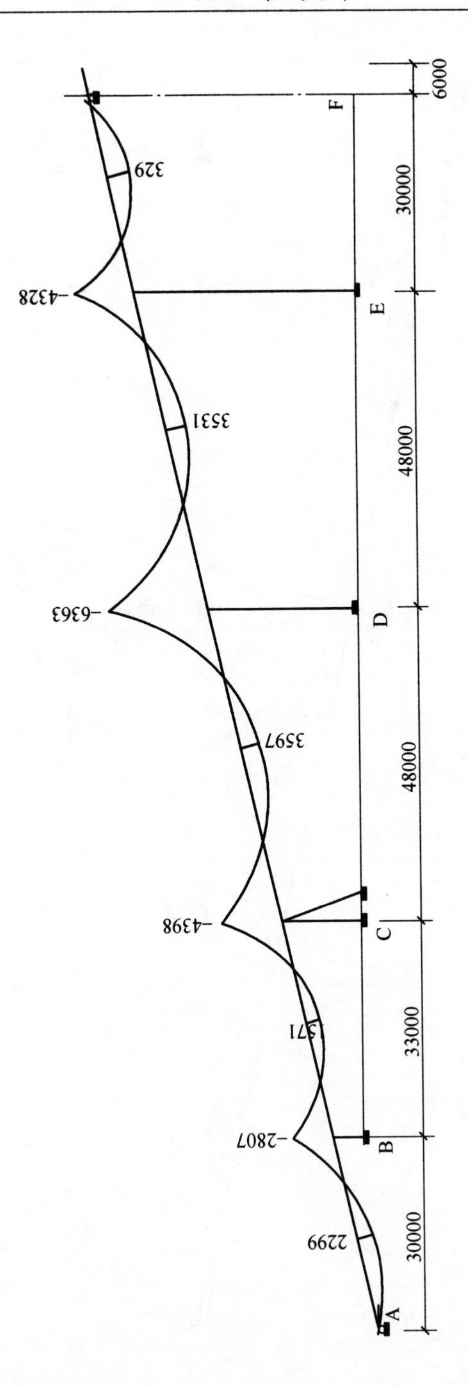

图 10-9 管梁弯矩图（单位：kN · m）

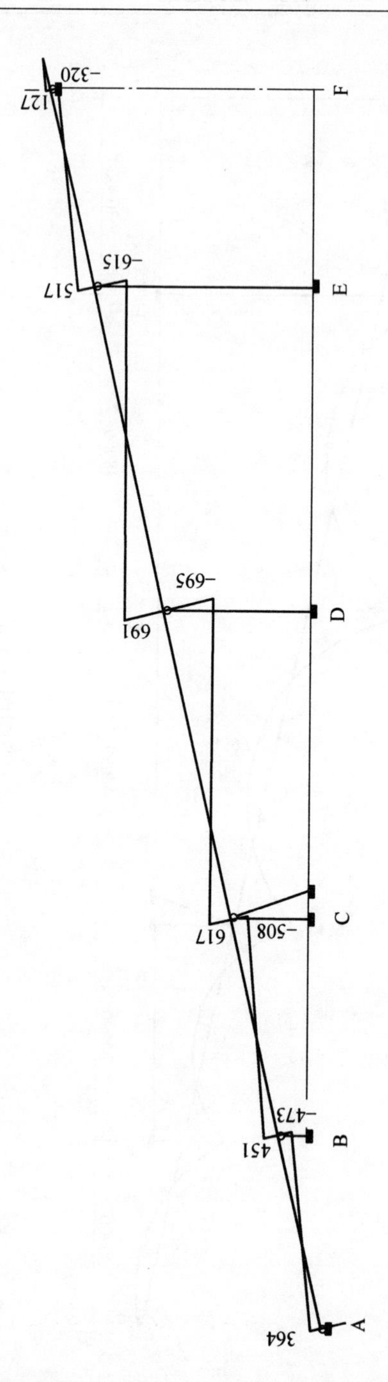

图 10-10　管梁剪力图（单位：kN）

10.3.2.4　管梁断面验算

（1）断面参数。管梁断面如图 10-11 所示。

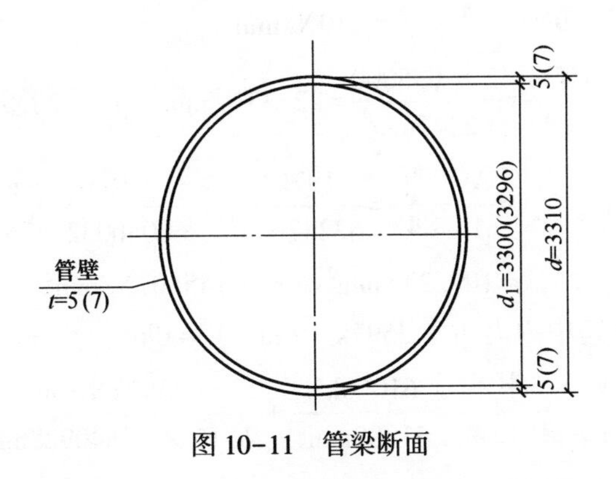

图 10-11　管梁断面

（3298^2）　（62247）mm^2

1）面积 $A=0.785\ (3310^2-3300^2)=51889mm^2$

（3296^4）=（60050032.47）mm^3

2）截面模量 $W=0.0982\dfrac{(3310^4-3300^4)}{3300}=42840928mm^3$

（3296^4）　（99082553580）mm^4

3）惯性矩 $I=0.0491\ (3310^4-3300^4)=70901736010mm^4$

（$3296)^2$　（1167.79）mm

4）回转半径

$$r_0=\frac{\sqrt{d^2+d_1^2}}{4}=\frac{\sqrt{3310^2+3300^2}}{4}=1168.49mm$$

（1651.5）mm

5）中面半径 $r=1652.5mm$

（2）压弯联合作用的局部稳定临界应力 σ_{cr}。

（7）=（145.07）N/mm^2

$$\sigma_{cr}=0.333\frac{Et}{d}=0.333\frac{206000\times5}{3310}=103.62N/mm^2$$

（3）强度和稳定计算。

1）支座 D 处：内力 $M_x=6363kN\cdot m$，$V_x=695kN$，$N=-197kN$。

$$\sigma_u = \frac{N}{A} + \frac{M_x}{1.15W_x} = \frac{197\text{kN}}{62247\text{mm}^2} + \frac{6363\text{kN} \cdot \text{m}}{1.15 \times 51518159\text{mm}^3}$$

$$= 117.99\text{N/mm}^2 < f = 210\text{N/mm}^2$$

剪应力 $T=\frac{2V_x}{A}=\frac{2 \times 695000}{62247\text{mm}^2}=22.33\text{N/mm}^2<f_v=120\text{N/mm}^2$

局部稳定：$\sigma_u = \frac{N}{A} + \frac{M_x}{W_x} = \frac{197\text{kN}}{62247\text{mm}^2} + \frac{6363\text{kN} \cdot \text{m}}{60050032.47\text{mm}^3}$

$$=109.2\text{N/mm}^2< \sigma_{cr}=145.07\text{N/mm}^2$$

2）第 3 跨中内力 $M_x=3597\text{kN} \cdot \text{m}$，$V_x=0\text{kN}$，$N=-610.6\text{kN}$。

$$\sigma_u = \frac{N}{A} + \frac{M_x}{1.15W_x} = \frac{610.6\text{kN}}{51889\text{mm}^2} + \frac{3597\text{kN} \cdot \text{m}}{1.15 \times 42840928\text{mm}^3}$$

$$=84.78\text{N/mm}^2<f=210\text{N/mm}^2$$

整体稳定：计算长度 $L=48000/\text{COS}13=49266\text{mm}$。

$$\lambda_x=L/r_0=49266\text{mm}/1168.49\text{mm}=42.16$$

由附录表 E 查得 $\phi=0.891$。

$$\frac{N}{\phi A} + \frac{M}{1.1W_x} = \frac{159000}{0.891 \times 51889} + \frac{3982\text{kN} \cdot \text{m}}{1.1 \times 42840928\text{mm}^3}$$

$$=88.28\text{N/mm}^2<f=210\text{N/mm}^2$$

10.3.2.5　圈型管托计算

（1）B、C、D、E 轴支座采用相同的管托。

1）最大支座反力 $R=1426\text{kN}$。

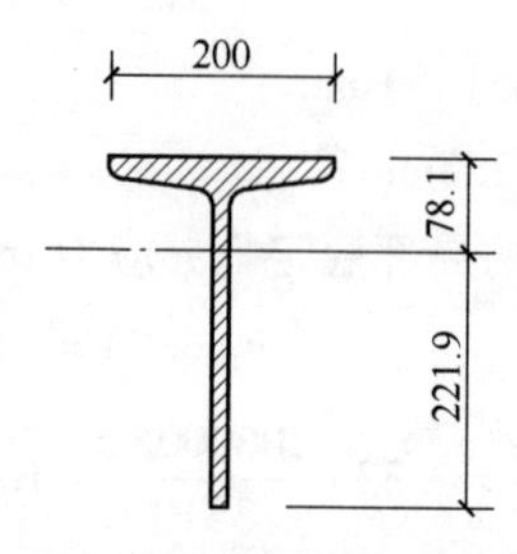

2）加固圈采用 TN300×200×11×17 型钢，截面面积 $A=6760\text{mm}^2$，惯性矩 $I_x=5820\times10^4\text{mm}^4$。

组合截面的重心位置为：

$$Y_0=\frac{210\times7\times3.5+6760\times(221.9+7)}{6760+1470}=189\text{mm}$$

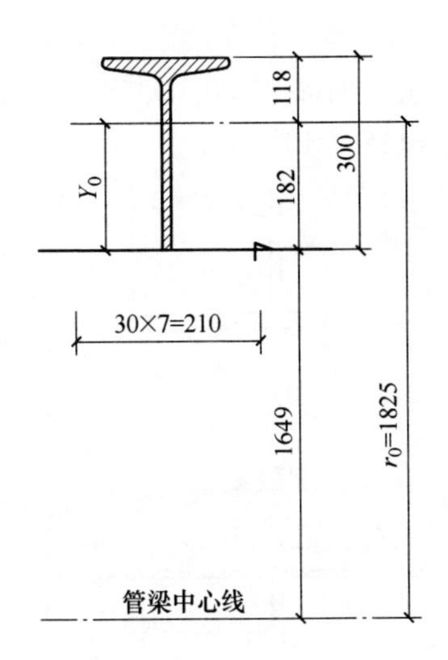

组合截面惯性矩 I_x 为：

$$I_x=5820\times10^4+6760\times(221.9-189)^2+\frac{210\times7^3}{12}+1470\times(189-3.5)^2$$

$$=116106162\text{mm}^4$$

$$W_{x1}=\frac{116106162\text{mm}^4}{118\text{mm}}=983951\text{mm}^3$$

$$W_{x2}=\frac{116106162\text{mm}^4}{182\text{mm}}=637946\text{mm}^3$$

管托最大周向应力：

$$\sigma_{ZW}=\frac{0.035R\cdot r_0}{W_{x2}}=\frac{0.035\times1426000\times1825}{637946\text{mm}^3}$$

$$=143\text{N/mm}^2<f=205\text{N/mm}^2$$

（2）A、F 支座采用相同的管托。

1）支座反力 $R=417$kN。

2）加固圈采用 TN200×200×8×13 型钢，计算步骤同前。

10.3.2.6　跨中加固圈计算

（1）加固圈的间距取3.5m。

（2）每个加固圈所承受的管梁自重 $G=(4.1+0.17)\times 3.5=14.95\text{kN}$。

（3）加固圈采用TN100×100×5.5×8型钢，截面面积 $A=1379\text{mm}^2$，惯性矩 $I_x=115\times 10^4\text{mm}^4$。

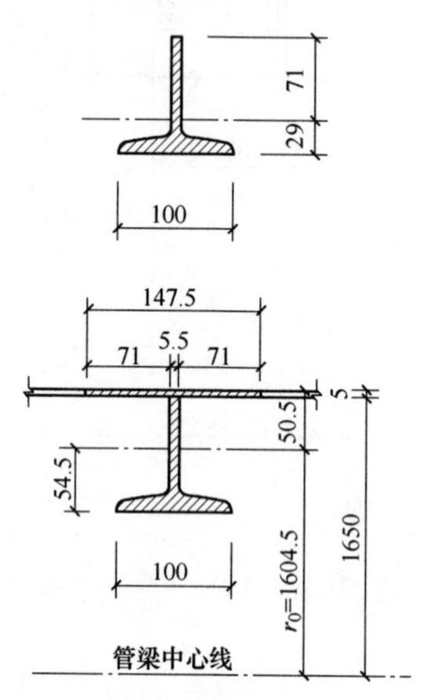

管壁受力长度 $L=0.78\sqrt{rt}\times 2+5.5$

$$=0.78\sqrt{1650\times 5}\times 2+5.5$$

$$=147.5\text{mm}$$

管壁受力面积 $=147.5\times 5=738\text{mm}^2$

$$Y_0=\frac{1379\times(71.1+5)+738\times 2.5}{1379+738}=50.5\text{mm}$$

组合截面惯性矩 I_x 为：

$$I_x=\frac{147.5\times 5^3}{12}+378\times(50.5-2.5)^2+115\times 10^4+$$

$$1379\times(71.1+5-50.5)^2$$

$$=3750519\text{mm}^4$$

组合截面模量为：

$$W_{x1}=\frac{I_x}{Y_1}=\frac{3750519\text{mm}^4}{50.5\text{mm}}=74268\text{mm}^3\ (\text{对管壁})$$

$$W_{x2}=\frac{I_x}{Y_2}=\frac{3750519\text{mm}^4}{54.5\text{mm}}=68817\text{mm}^3\ (\text{对加固圈顶})$$

组合截面面积 $A=1379+738=2117\text{mm}^2$

由表 D-3 查得系数 $K_{ZW}=-0.239$，$K_Z=0.261$。

加固圈顶的拉应力为：

$$\sigma_u=-\frac{K_{ZW}Gr_0}{W_{x2}}-\frac{K_ZG}{A}$$

$$=-\frac{-0.239\times 14.95\text{kN}\times 1604.5\text{mm}}{68817\text{mm}^3}-\frac{0.261\times 14.95\text{kN}}{2117\text{mm}^2}$$

$$=83.3\text{N/mm}^2<f=215\text{N/mm}^2$$

管壁的压应力为：

$$\sigma_u=\frac{K_{ZW}Gr_0}{W_{x1}}-\frac{K_ZG}{A}$$

$$=\frac{-0.239\times 14.95\text{kN}\times 1604.5\text{mm}}{74268\text{mm}^3}-\frac{0.261\times 14.95\text{kN}}{2117\text{mm}^2}$$

$$=79.04\text{N/mm}^2<f=210\text{N/mm}^2$$

管梁计算结束。

10.3.2.7 支架设计

(1) E 轴支架。本支架为单片支架，承受垂直荷载，风荷载及地震作用。

设计图如图 10-12 所示。

结构计算：

1) 柱采用 $\phi 920\times 10$ 钢管。

柱底最大弯矩 $M_{max}=315.9\text{kN}\cdot\text{m}$。

柱底最大轴向压力 $N_{max}=1222\text{kN}$。

柱底最小轴向压力 $N_{min}=490\text{kN}$。

最大应力比 0.53。

最大长细比 126。

柱顶最大横向位移 51.2mm 相当于柱高的 1/678。

2）横梁断面：

最大应力比 0.26。

每个地脚锚栓的拉力

$$F=\frac{4M}{nd_0}-\frac{N}{n}=\frac{4\times 315.9\text{kN}\cdot\text{m}}{16\times 1.040}-\frac{490\text{kN}}{16}=50\text{kN}$$

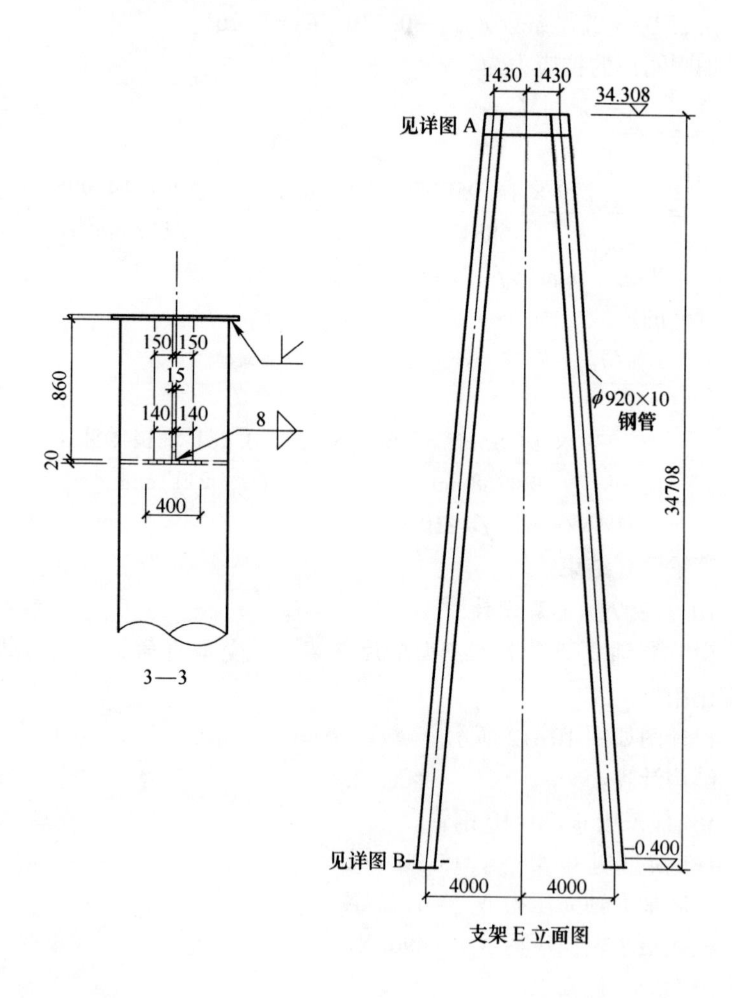

3—3

支架 E 立面图

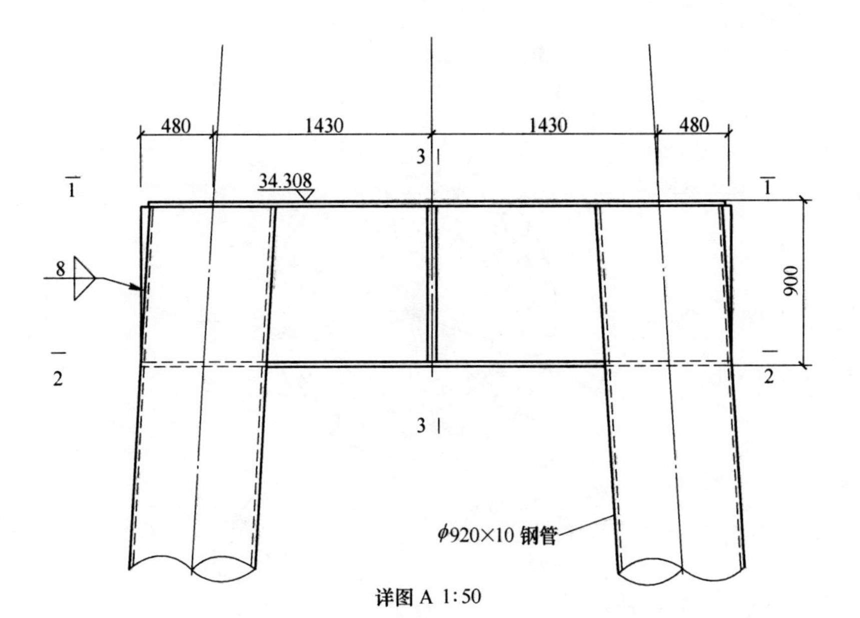

详图 A 1∶50

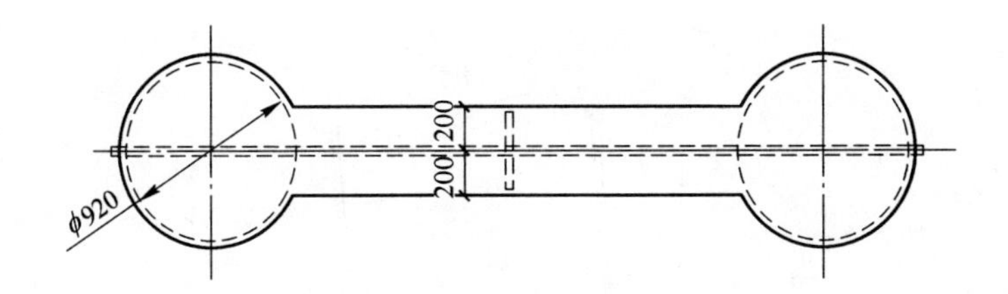

1—1 1∶50

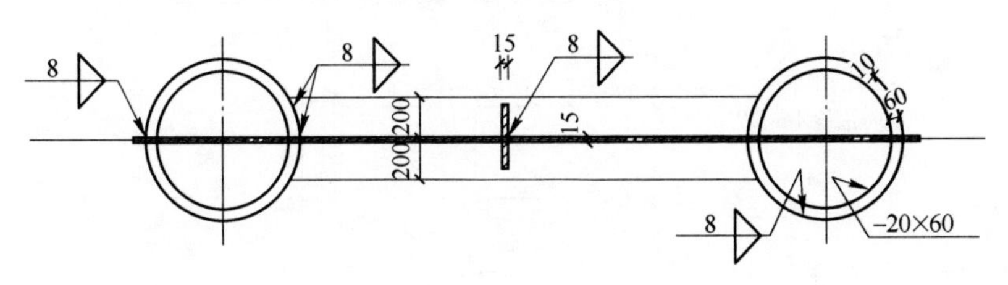

2—2 1∶50

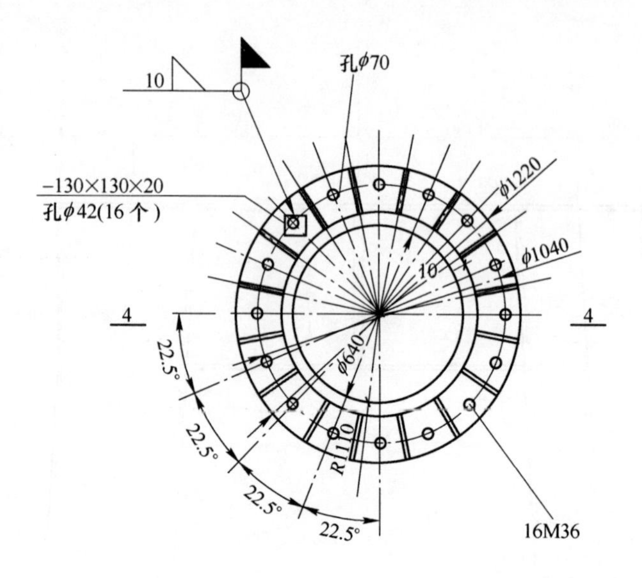

详图 B

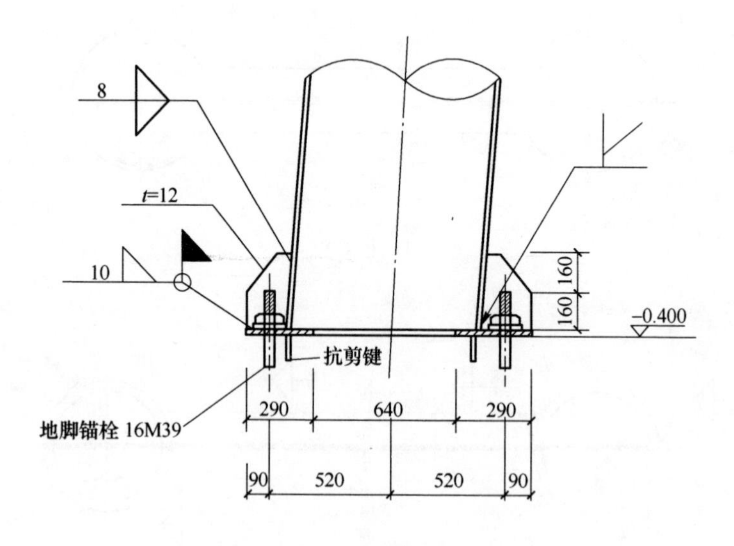

4—4

图 10-12　E 轴支架设计图

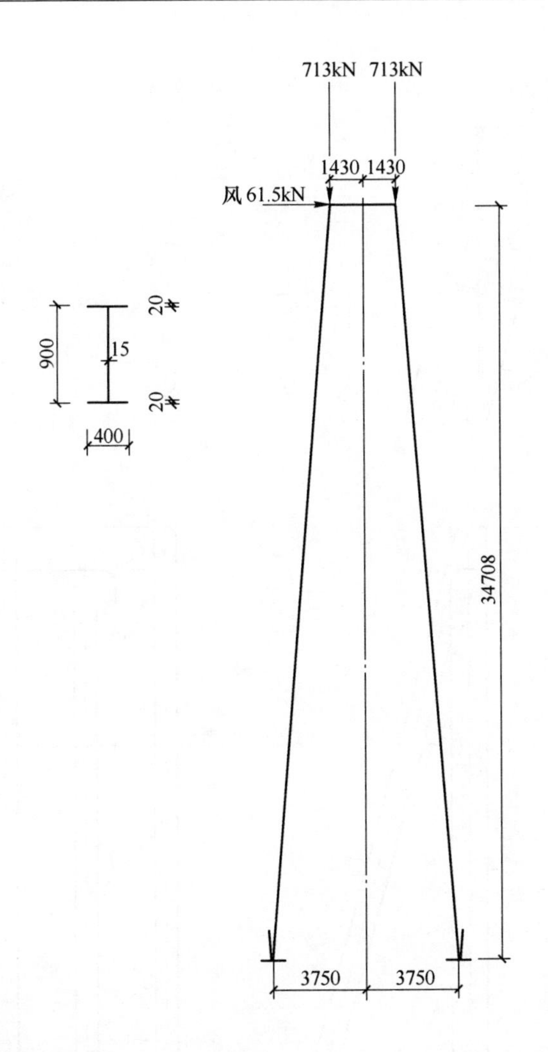

选用 Q235 钢制作的 M39 锚栓。

(2) C 轴支架。本支架为固定支架，承受垂直荷载，温度作用，地震作用荷载和风荷载。

设计图如图 10-13 所示。

支架垂直肢计算：在纵向计算时单支的轴向压力为 870.5kN，弯矩为 33.05kN · m。

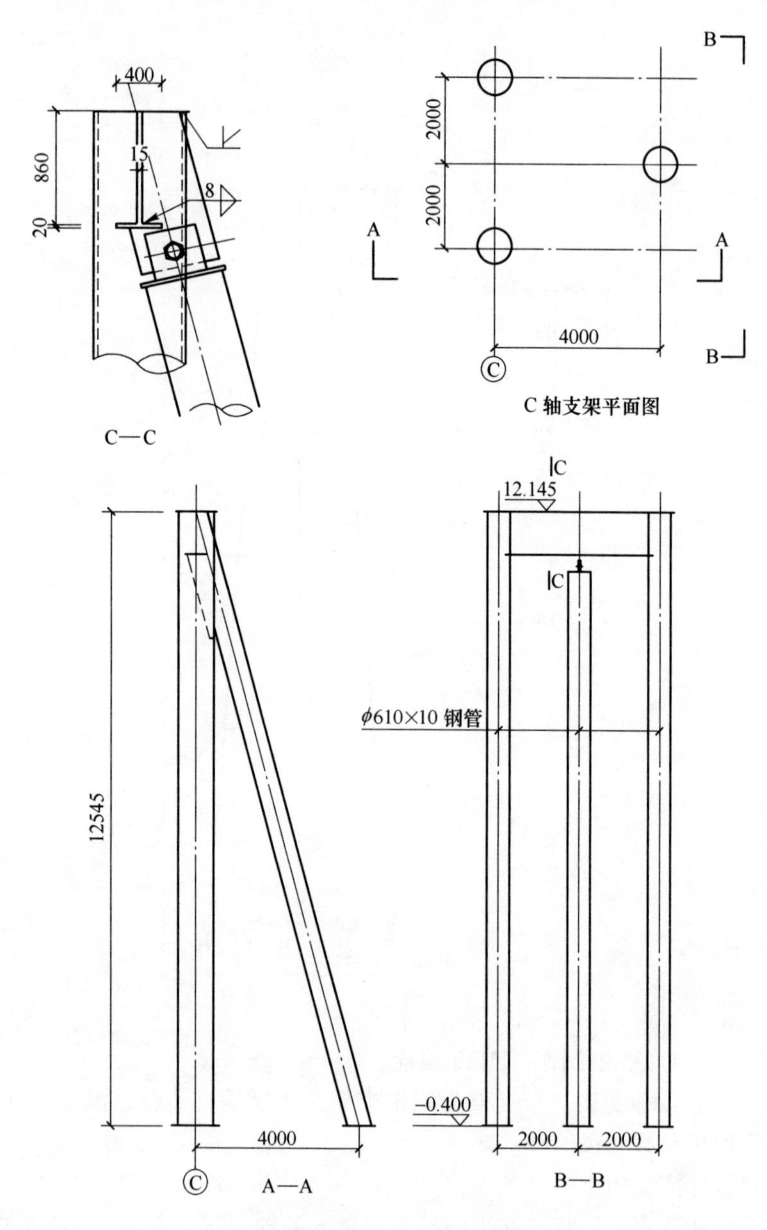

图 10-13　C 轴支架设计图

支架垂直肢，在横向风载作用下单支的轴向压力为 144kN，弯矩为 233kN·m。叠加后的轴向压力 $N=870.5+144=1014.5\text{kN}$。

$\phi610\times10$ 钢管截面参数：截面面积 $A=18840\text{mm}^2$，截面模量 $W=2728870\text{mm}^3$，截面回转半径 $i=212.2\text{mm}$。

强度验算：

$$\frac{N}{A_n}+\frac{M_X}{\gamma_X W_X}+\frac{M_Y}{\gamma_Y W_Y} \qquad \begin{matrix}\gamma_X=1.15\\ \gamma_Y=1.15\end{matrix}$$

$$=\frac{1014.5}{18840}+\frac{33050000}{1.15\times2728870}+\frac{233000000}{1.15\times2728870}$$

$$=136.89\text{N/mm}^2\leqslant f=215\text{N/mm}^2$$

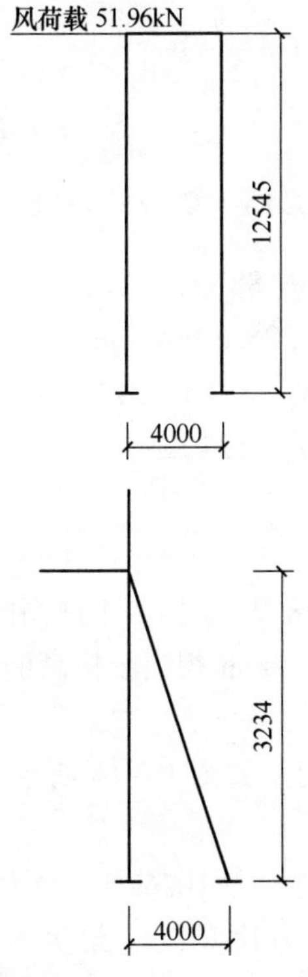

弯矩作用平面内的稳定：

$L_0=12545$

$$\lambda = \frac{L_0}{I} = \frac{12545}{212.2} = 59.12$$

$\phi = 0.87$

$\beta_{mx} = 1$

$$N_{EX} = \pi^2 EA(1.1 \times 59.12^2)$$
$$= \pi^2 \times 206000 \times 18840 \times (1.1 \times 59.12^2)$$
$$= 147268342900000\text{N}$$

$$M = \sqrt{M_X^2 + M_Y^2} = \sqrt{33.05^2 + 233^2} = 235.33\text{kN} \cdot \text{m}$$

$\gamma_X = 1.15$

$$\frac{N}{\phi A} + \frac{\beta_{mx} M}{\gamma_X W_X \left(1 - 0.8\dfrac{N}{N_{EX}}\right)}$$

$$= \frac{1014500\text{N}}{0.87 \times 18840\text{mm}^2} + \frac{1 \times 235330000}{1.15 \times 2728870 \times \left(1 - 0.8 \times \dfrac{1014500}{147268342900000}\right)}$$

$= 61.89 + 74.99 = 136.88\text{N/mm}^2 < f = 215\text{N/mm}^2$

柱底最大弯矩 $M_{max} = 235.33\text{kN} \cdot \text{m}$。

柱底最大轴向压力 $N_{max} = 1014.5\text{kN}$。

柱底最小轴向压力 $N_{min} = 340\text{kN}$。

最大应力比 0.73。

最大长细比 59.12。

柱顶最大横向位移 28.9mm 相当于柱高的 1/434<1/350。

柱顶最大纵向位移 4.7mm 相当于柱高的 1/2500<1/500。

横梁断面：横梁截面图如图 10-14 所示。

最大应力比 0.20。

支架斜杆：最大轴向压力 1026kN，最大弯矩 66.1kN · m，最大应力比 0.25，最大长细比 61。

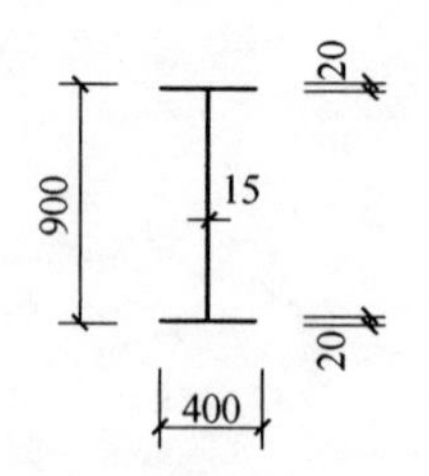

图 10-14　横梁截面图

附　　录

附录 A　环形截面几何特性计算公式

环形截面几何特性计算公式，见表 A。

表 A　环形截面几何特性计算公式

计算内容		简图		
		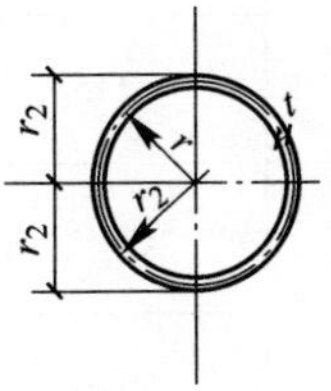	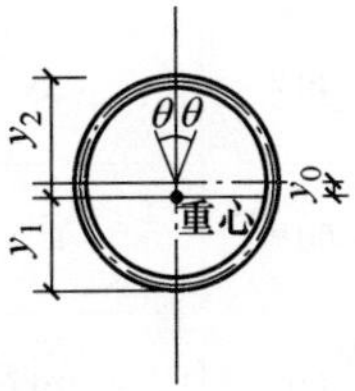	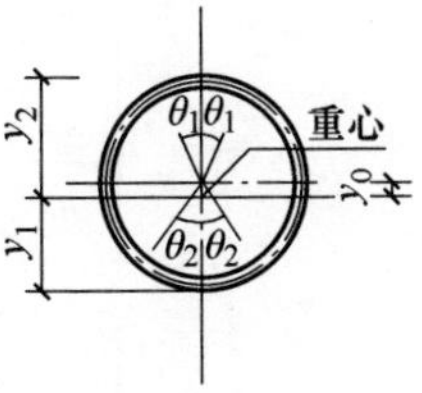
重心至圆心的距离 y_0		0	$r\frac{\sin\theta}{\pi-\theta}$	$r\frac{\sin\theta_1-\sin\theta_2}{\pi-\theta_1-\theta_2}$
重心至截面边缘的距离 y	y_1	r_2	$r_2-r\frac{\sin\theta}{\pi-\theta}$	$r_2-r\frac{\sin\theta_1-\sin\theta_2}{\pi-\theta_1-\theta_2}$
	y_2	r_2	$r_2+r\frac{\sin\theta}{\pi-\theta}$	$r_2+r\frac{\sin\theta_1-\sin\theta_2}{\pi-\theta_1-\theta_2}$
截面面积 A		$2\pi rt$	$2r(\pi-\theta)$	$2rt(\pi-\theta_1-\theta_2)$
重心轴的截面惯性矩 I		πtI^3	$r^3t(\pi-\theta-\cos\theta\sin\theta-2\frac{\sin^2\theta}{\pi-\theta})$	$r^3t[\pi-\theta_1-\theta_2-\cos\theta_1\sin\theta_1-\cos\theta_2\sin\theta_2-2\frac{(\sin\theta_1-\sin\theta_2)^2}{\pi-\theta_1-\theta_2}]$

注：r_2 为外半径，r 为中面半径（$r=r_2-t/2$），t 为壁厚。

附录 B　耐候钢及其焊缝强度设计值

耐候钢的强度设计值，见表 B-1。

表 B-1　耐候钢的强度设计值　(N/mm²)

钢材		抗拉、抗压和抗弯 f	抗剪 f_v	端面承压（刨平顶紧）f_{ce}
牌号	厚度/mm			
Q235NH	≤16	210	120	275
	>16~40	200	115	275
	>40~60	190	110	275
	>60~100	190	110	275
Q295NH	≤16	265	150	320
	>16~40	255	145	320
	>40~60	245	140	320
	>60~100	225	130	320
Q335NH	≤16	315	185	370
	>16~40	310	180	370
	>40~60	300	170	370
	>60~100	290	165	370

耐候钢的焊缝强度设计值，见表B-2。

表B-2 耐候钢的焊缝强度设计值 （N/mm²）

焊接方法和焊条型号	构件钢材		对接焊缝				角焊缝
	牌号	厚度/mm	抗压 f_c^w	焊接质量为下列等级时，抗拉 f_t^w		抗剪 f_v^w	抗拉、抗压和抗剪 f_t^w
				一级、二级	三级		
自动焊、半自动焊和E43型焊条的手工焊	Q235NH	≤16	210	210	175	120	140
		>16~40	200	200	170	115	140
		>40~60	190	190	160	110	140
		>60~100	190	190	160	110	140
自动焊、半自动焊和E43型焊条的手工焊	Q295NH	≤16	265	265	225	150	140
		>16~40	255	255	215	145	140
		>40~60	245	245	210	140	140
		>60~100	225	225	195	130	140
自动焊、半自动焊和E50型焊条的手工焊	Q355NH	≤16	315	315	270	185	165
		>16~40	310	310	260	180	165
		>40~60	300	300	255	170	165
		>60~100	290	290	245	165	165

注：1. 自动焊和半自动焊所采用的焊丝和焊剂，应保证其熔敷金属抗拉强度不低于相应手工焊条的数值；

2. 焊缝质量等级应符合国家标准《钢结构工程施工质量验收规范》（GB 50205）的规定；

3. 对接焊缝抗弯受压区强度值取 f_c^w，抗弯受拉区强度设计值取 f_t^w。

附录 C　局部稳定的临界应力

局部稳定的临界应力 σ_{cr}，见表 C。

表 C　局部稳定的临界应力 σ_{cr}

壁厚 t /mm	管外直径 /mm	2700	2800	2900	3000	3100	3200	3300	3400	3500	3600
5	σ_{cr} /N · mm^{-2}	127	122	118	114	110	107	103	100	98	95
6		152	147	142	137	132	128	124	121	117	114
7		178	171	165	160	154	150	145	141	137	133
8		203	191	189	182	176	171	166	161	156	152
9		228	220	212	205	198	192	187	181	176	171
10		254	245	236	228	221	214	207	207	201	190
11		279	269	259	250	243	235	228	221	215	209
12		304	294	283	273	265	257	249	242	235	228

注：表中 $\sigma_{cr} = \dfrac{0.333Et}{d}$，式中，$E$ 为钢材的弹性模量；d 为管外直径，mm；t 为管壁厚，mm。

附录D 管梁跨中加固圈截面特性、间距、许用外加荷载值及弯矩系数

管梁跨中加固圈截面特性及间距见表D-1。

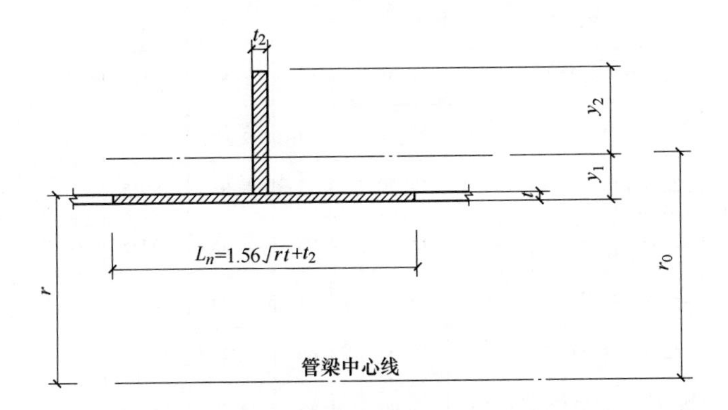

表D-1 管梁跨中加固圈截面特性及间距

加固圈(高×厚)/mm×mm	外径×壁厚($D\times t$)/mm×mm	加固圈间距/m		有效长度L_n/mm	组合截面面积A/cm²	距离y_1/cm	距离y_2/cm	截面惯性矩I/cm⁴	截面模量W_1/cm³	截面模量W_2/cm³
		计算值	选定值							
100×6	1420×5	9.81	6	98.7	10.94	3.13	7.53	124.7	39.9	16.9
	1420×4	9.81	6	89.0	9.56	3.46	6.94	118.5	31.9	15.9
	1520×6	7.62	6	113.0	12.56	3.05	7.79	138.9	49.4	17.8
	1520×5	7.62	6	101.8	11.04	3.09	7.41	125.9	40.7	17.0
	1620×6	6.76	6	114.4	12.86	2.77	7.83	140.1	50.6	17.9
	1620×5	6.76	6	104.9	11.25	3.05	7.45	127.3	41.7	17.1
	1720×6	6.04	6	117.9	13.06	2.74	7.86	141.3	51.6	18.0
	1720×5	6.04	6	108.0	11.45	3.01	7.44	128.4	42.7	17.2
	1820×6	5.6	5.5	121.6	13.26	2.70	7.90	142.5	52.8	19.0
	1820×5	5.4	5.5	111.0	11.55	2.78	7.52	142.3	47.8	18.9
	1920×6	4.89	5	124.1	13.45	2.66	7.94	143.6	54.0	18.1
	1920×5	4.89	5	113.8	11.69	2.94	7.56	130.6	44.5	17.3

续表 D-1

加固圈（高×厚）/mm×mm	外径×壁厚（$D\times t$）/mm×mm	加固圈间距/m		有效长度 L_n/mm	组合截面面积 A/cm^2	距离 y_1 /cm	距离 y_2 /cm	截面惯性矩 I /cm^4	截面模量 W_1 /cm^3	截面模量 W_2 /cm^3
		计算值	选定值							
120×8	2020×6	7.63	6	129.1	17.36	3.59	8.81	285.6	75.4	32.1
	2020×5	7.63	6	118.6	15.53	4.11	8.39	258.5	62.9	30.8
	2220×6	6.34	6	135.0	17.70	3.72	8.88	289.5	77.9	32.6
	2220×5	6.34	6	123.9	15.29	4.05	8.45	262.5	64.8	31.4
	2420×7	4.98	5	151.2	20.18	3.37	9.33	318.6	94.5	34.2
	2420×6	4.98	5	140.6	18.04	3.65	8.45	293.7	80.5	32.8
150×8	2620×7	6.33	6	157.6	22.99	4.45	11.25	578.9	130.1	51.5
	2620×6	6.33	6	146.1	20.77	4.81	10.79	533.5	110.9	49.4
	2820×7	5.42	5.5	162.4	28.32	4.38	11.32	585.4	133.7	51.7
	2820×6	5.42	5.5	154.2	21.07	4.74	10.86	539.5	113.8	49.7
	3020×8	4.34	4.5	179.0	26.32	4.00	11.80	633.2	158.3	53.7
	3020×7	4.34	4.5	168.1	23.71	4.39	11.39	595.8	137.3	52.0
	3220×8	3.89	4	184.0	26.71	3.94	11.86	634.0	182.2	53.3
	3220×7	3.89	4	173.4	24.14	4.25	11.45	597.4	140.5	52.2
	3420×8	3.46	3.5	190.1	27.21	3.88	11.92	664.4	156.1	58.1
	3420×7	3.46	3.5	178.4	24.44	4.30	11.50	602.6	153.5	52.4

管梁跨中加固圈的许用外加荷载值，见表 D-2。

k_{zw}、k_z 系数在不同 β 角度时的数值，见表 D-3。

表 D-2　管梁跨中加固圈的许用外加荷载值　（kN）

加固圈规格 高×厚 ($b \times t_2$) /mm×mm	管梁规格 外径×壁厚 ($d \times t$) /mm×mm	加固圈截面模量 W_2/cm^3	荷载形式与弯矩系数							
			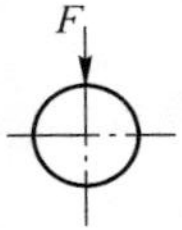 F	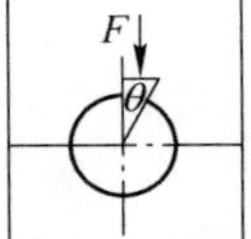 F, θ=30°～45°	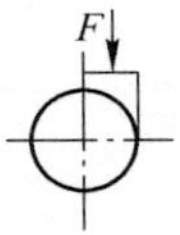 F	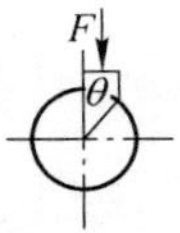 F, θ=45°～60°	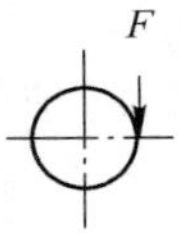 F	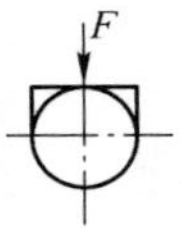 F	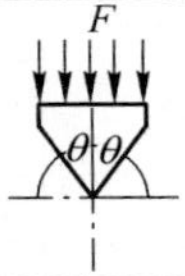 F, 2θ=90°	F, 2θ=120°
			k_{zw} = 0.24	k_{zw} = 0.15	k_{zw} = 0.12	k_{zw} = 0.08	k_{zw} = 0.064	k_{zw} = 0.014	k_{zw} = 0.082	k_{zw} = 0.053
100×6	1420×4	15.9	15.69	25.50	31.38	47.07	58.84	270.66	46.09	73.55
	1520×5	17.0	15.69	25.50	31.38	48.05	59.82	272.62	46.09	73.55
	1620×5	17.1	14.71	24.52	30.40	45.11	56.88	257.92	44.13	68.65
	1720×5	17.2	14.71	24.52	28.44	43.15	53.94	245.17	42.17	64.72
	1820×5	18.9	14.71	23.54	28.44	44.13	55.90	254.97	43.15	67.66
	1920×5	19.3	12.75	20.59	25.50	39.22	48.05	221.63	38.25	58.84
120×8	2020×5	30.8	21.57	34.32	43.15	64.72	81.40	371.67	63.74	98.07
	2220×5	31.0	19.61	31.38	40.21	59.82	74.53	314.27	57.86	90.22
	2420×6	32.8	19.61	31.38	39.23	57.86	72.57	333.43	56.88	88.26
150×8	2620×6	49.4	26.48	43.15	53.94	80.41	101.01	460.91	78.54	121.16
	2820×6	49.7	25.50	40.21	50.01	75.15	94.14	431.49	73.55	93.57
	3020×7	52.0	24.52	39.23	49.03	74.53	93.16	423.65	72.57	91.96
	3220×7	52.2	23.54	37.27	47.07	69.63	87.28	400.11	68.65	105.91
	3420×7	52.4	22.56	35.30	44.13	66.69	82.38	378.54	64.72	100.03

表 D-3 k_{zw}、k_z 系数在不同 β 角度时的数值

荷载形式	系数计算公式	计算点与作用力的夹角 β/(°)								
		0	30	45	60	90	120	135	150	180
径向荷载	$k_{zw}=\frac{1}{2\pi}\left(\beta\sin\beta+\frac{1}{2}\cos\beta-1\right)$	-0.0795	-0.0485	-0.0145	0.0249	0.0908	0.0896	0.0496	-0.0197	-0.239
	$k_z=\frac{1}{2\pi}\left(2\cos\beta-\frac{1}{2}\cos\beta-\beta\cos\beta\right)$	0.239	0.185	0.0804	0.0360	0	0.0472	0.0963	0.154	0.261
切向荷载	$k_{zw}=\frac{1}{2\pi}\left(\frac{3}{2}\sin\beta-\beta\cos\beta-\beta\right)$	0	-0.0359	-0.0445	-0.0432	-0.0112	-0.0400	0.0588	0.0635	0
	$k_z=\frac{1}{2\pi}\left(\beta\cos\beta+2\sin\beta-\frac{3}{2}\sin\beta\right)$	0	0.112	0.145	0.152	0.0800	-0.0978	-0.209	-0.321	-0.500

附录E　焊接圆筒截面轴心受压稳定系数 ϕ

焊接圆筒截面轴心受压稳定系数 ϕ，见表E。

表E　焊接圆筒截面轴心受压稳定系数 ϕ

$\lambda\sqrt{\frac{f_y}{235}}$	0	10	20	30	40	50	60	70	80	90	100	110	120	130	140	150	160	170	180	190	200	210	220	230	240	250
0	1.000	0.992	0.970	0.936	0.899	0.856	0.807	0.751	0.688	0.621	0.555	0.493	0.437	0.387	0.345	0.308	0.276	0.249	0.225	0.204	0.186	0.170	0.156	0.144	0.133	0.123
1	1.000	0.991	0.967	0.932	0.895	0.852	0.802	0.745	0.681	0.614	0.549	0.487	0.432	0.383	0.341	0.304	0.273	0.246	0.223	0.202	0.184	0.169	0.155	0.143	0.132	
2	1.000	0.989	0.963	0.929	0.891	0.847	0.797	0.739	0.675	0.608	0.542	0.481	0.426	0.378	0.337	0.301	0.270	0.244	0.220	0.200	0.183	0.167	0.154	0.142	0.131	
3	0.999	0.987	0.960	0.925	0.887	0.842	0.791	0.732	0.668	0.601	0.536	0.475	0.421	0.374	0.333	0.298	0.267	0.241	0.218	0.198	0.181	0.166	0.153	0.141	0.130	
4	0.999	0.985	0.957	0.922	0.882	0.838	0.786	0.726	0.661	0.594	0.539	0.470	0.416	0.370	0.329	0.295	0.265	0.239	0.216	0.197	0.180	0.165	0.151	0.140	0.129	
5	0.998	0.983	0.953	0.918	0.878	0.833	0.780	0.720	0.655	0.588	0.523	0.464	0.411	0.365	0.326	0.291	0.262	0.236	0.214	0.195	0.178	0.163	0.150	0.138	0.128	
6	0.997	0.981	0.950	0.914	0.874	0.828	0.774	0.714	0.648	0.581	0.517	0.458	0.406	0.361	0.322	0.288	0.259	0.234	0.212	0.193	0.176	0.162	0.149	0.137	0.127	
7	0.996	0.978	0.946	0.910	0.870	0.823	0.769	0.707	0.641	0.575	0.511	0.453	0.402	0.357	0.318	0.285	0.256	0.232	0.210	0.191	0.175	0.160	0.148	0.136	0.126	
8	0.995	0.976	0.943	0.906	0.865	0.818	0.763	0.701	0.635	0.568	0.505	0.447	0.397	0.353	0.315	0.282	0.254	0.229	0.208	0.190	0.173	0.159	0.146	0.135	0.125	
9	0.994	0.973	0.939	0.903	0.861	0.813	0.757	0.694	0.628	0.561	0.499	0.442	0.392	0.349	0.311	0.279	0.251	0.227	0.206	0.188	0.172	0.158	0.145	0.134	0.124	

注：表中“λ”为构件的长细比。

参 考 文 献

[1] 中华人民共和国住房和城乡建设部. GB 50153—2008 工程结构可靠性设计统一标准［S］. 北京：中国建筑工业出版社，2008.

[2] 中华人民共和国住房和城乡建设部. GB 50017—2017 钢结构设计规范［S］. 北京：中国建筑工业出版社，2017.

[3] 中国工程建设标准化协会. GB 50009—2012 建筑结构荷载规范［S］. 北京：中国建筑工业出版社，2012.

[4] 中华人民共和国住房和城乡建设部. GB 50010—2010 混凝土结构设计规范［S］. 北京：中国建筑工业出版社，2010.

[5] 中国建筑科学研究院. GB 50011—2010 建筑抗震设计规范［S］. 北京：中国建筑工业出版社，2010.

[6] 中冶建筑研究总院有限公司. GB 50191—2012 构筑物抗震设计规范［S］. 北京：中国建筑工业出版社，2012.

[7] 公安部天津消防研究所、四川消防研究所. GB 50016—2014 建筑设计防火规范［S］. 北京：中国计划出版社，2014.

[8] 中冶京诚工程技术有限公司. GB 50414—2007 钢铁冶金企业设计防火规范［S］. 北京：中国计划出版社，2008.

[9] 中冶赛迪工程技术股份有限公司. YB 4358—2013 钢铁企业胶带机钢结构通廊设计规范［S］. 北京：冶金工业出版社，2014.

[10] 列宁格勒钢结构设计院. 带式输送机通廊设计手册［M］. 苏联，建筑标准与规则 2. 09. 03—85.

[11] 包头钢铁设计研究总院. GB 50015—2003 烟囱设计规范［S］. 北京：中国计划出版社，2003.

[12] 钢铁企业燃气设计参考资料编写组. 钢铁企业燃气设计［M］. 北京：冶金工业出版社，1978.

[13] 嵇德春，杨九龙. 钢管结构通廊设计［J］. 北京勘察设计，1987（2）.

[14] 杜婷婷，赵熙元. 钢管通廊设计［J］. 钢铁技术，1988，11.